パブリック・アクセス・テレビ

PUBLIC ACCESS TELEVISION
America's Electronic Soapbox

パブリック・アクセス・テレビ
米国の電子演説台

ローラ・R. リンダー 著
松野良一 訳

中央大学出版部

私の息子，パトリック・M. カークマンへ

*

あなたが夢に向かって努力し信じている限り，
すべてのことは可能だ。

日本語版に寄せて

　パブリック・アクセス・テレビは，1970年代に米国で始まって以来，長い旅路を歩んできました。インターネットの出現によってコミュニケーションの容量は増えたものの，パブリック・アクセス・テレビは，市民が言葉を発するために勇気を与えてくれる力強いメディアであり続けています。世界中の何千人もの人たちがパブリック・アクセス・テレビを通して，自分を表現し，コミュニティにインパクトを与えて来ました。そして，今度は日本の方々が，この素晴らしい機会をつかもうとされていることに興奮を覚えます。

　『Public Access Television』の日本語訳が出版されることを大変光栄に思います。私は，日本の皆様が，パブリック・アクセス・テレビの番組制作者という国際的なコミュニティの仲間入りをされることを，心より歓迎いたします。この本の初版が世に出てから，多くのことが変わりました。ケーブル会社，また時には自治体が，自分たちの責任を軽減し，パブリック・アクセス・センターの財源を少なくしようと戦いを挑んできました。彼らは本来ならば，パブリック・アクセス・テレビをコミュニティの財産として誇りに思って大事にするべきなのですが……。また，インターネットが普及するにつれて，市民の中には，パブリック・アクセス・テレビはもはや重要ではないと考え始め出している人もいます。

　インターネットは，表現することや意見を表明することを可能にしてくれますが，それはほとんどが私的な活動であって，共同作業や統一見解を出すための議論の機会にはなっていません。自己表現と情報の共有は，パブリック・アクセス・テレビの重要な目的ですが，これだけではありません。コミュニティを創造すること，公開討論や講演の促進，共同作業の促進，そして，社会的変革を促進することなども重要な目的なのです。パブリック・アクセス・テレビは，インターネットよりも，これらの目的においては，より適していると思い

ます。

　テレビは未だ，世界で最もパワーのあるメディアの地位を保っています。そして，パブリック・アクセス・テレビもまた，普通の市民が大衆にメッセージを送り届けることができる手段であり続けています。しかし，この極めて重要なコミュニティの財産を，成長させ花開かせるには，皆で大事に育てていく必要があります。米国においては，パブリック・アクセス・テレビはまだ十分に利用されておりません。私は日本の皆さんに大きな期待を抱いています。日本の皆さんが，共同の精神と技術的専門知識によって，パブリック・アクセス・テレビというコミュニケーションツールを最大限まで活用してくださることを。パブリック・アクセス・テレビによって促進され拡大される市民参加とコミュニティでの対話を，さらに前進させられるかどうかは，私たちの努力次第です。私は，皆さんの活動を喜んでサポートしたいと思います。

　2008 年 11 月

ローラ・R. リンダー

（監訳者による翻訳）

この本に寄せて

　パブリック・アクセス・テレビは，メディアと民主主義の交錯点において，ここ数十年間で最も刺激的な論争を展開してきたものの1つである。1970年代の初頭，ケーブル会社は，市民に対してパブリック・アクセス・チャンネルを提供し始めた。それゆえ，団体や個人は，自分たちのコミュニティのために番組を制作できるようになった。このパブリック・アクセスのシステムは，市民手作りの番組を増加させてきた。そして現在，例えばニューヨーク，ロサンゼルス，ボストン，シカゴ，アトランタ，マディソン，アーバナ，オースティン，グリーンズボローのような場所，たぶん4,000もの町や地域において，市民制作の番組がケーブル放送されているのである。

　ケーブルテレビが1970年代初めに広く紹介されたとき，連邦通信委員会(FCC) は，パブリック・アクセスについて重大な命令を下している。それは，「1972年をもって，100番目までの大きいテレビ市場をもつ都市の新規ケーブル会社（77年以降はすべてのケーブル会社）は，行政，教育目的，そして最も重要なパブリック・アクセスのためにチャンネルを供給しなければならない」というものだった。この命令は，ケーブル会社は，州と自治体，教育，そしてコミュニティのパブリック・アクセスのために3つのチャンネルを使用可能にしなければいけない，としている。「パブリック・アクセス」とは，次のことを意味しているとされる。つまり，文字通り，誰でもが，CMなしでチャンネルを使用することができ，望むことは何でも言ったりしたりすることができる。それは，先着順で，わいせつと中傷を規制する法律にだけは従う必要がある。結果的には，メインストリームであるテレビ放送から除外されてしまった集団や個人の利益を反映した形のまったく異なる種類の番組となった。

　パブリック・アクセス・テレビの理論的根拠というのは，1934年の連邦通信法が定める通り，①電波は国民に帰属していること，②電波は民主社会に

おいて，政治的議論への市民参加を増進させることに役立つこと，③メインストリームのテレビ放送は，極めて狭い範囲の視点や意見に限られているということ，の3つから構成されている。さらに，パブリック・アクセス・テレビは，テレビを市民に開放すること，つまり，コミュニティへの参加を可能にし民主主義を強化するという公的な利益へとつなげることができる。ローラ・リンダーの研究は，パブリック・アクセス・テレビの背景——法規や法制に関する歴史，哲学的正当性，その現在の地位，運営資金，将来性——について最も素晴らしい歴史研究の1つを提供するものである。この明確に書かれ，アクセスしやすく，よく記録された研究において，リンダーは，米国の公共放送，カナダのオルタナティブメディア・プロジェクト，そして，米国内外のオルタナティブメディア施設の発展を研究・分析することで，パブリック・アクセスのルーツについて検証を行っている。リンダーは，いかにして米国政府と監督官庁が，パブリック・アクセスを可能にし，一方で弱体化させたのかを明らかにした。さらに，パブリック・アクセスの資金といくつかの模範的プロジェクトについて詳細に検証している。彼女はまた，皆が議論に参加できるアクセスプロジェクトや番組，そしてより公的な問題やメディアに関するディベートに，市民の参加を促す方法について検討を加えている。

　私たちは新しいハイテクノロジーの時代に突入している。彼女の研究はメディアを民主化する過去の試みを理解することに大変役立ち，パブリック・アクセス・テレビの歴史や可能性に関する有益な知見をもたらす。大きな技術革新の真っ只中にあって，パブリック・アクセスの未来は，不確かなものである。リンダーは，過去の民主的コミュニケーション構築のための重要な貢献について書き留め，そして，将来にわたってパブリック・アクセス・テレビの重要性は継続すると主張している。より民主的なコミュニケーションシステムが登場するか消え去るかは，市民次第である。その市民というのは，他の市民とコミュニケーションをすることや，パブリック・アクセス・テレビのような民主的コミュニケーションのツールを豊かにすることに興味があることが前提である。

メディア所有の集中化，商業化，興味本位へと向かう最近の風潮は，公共圏の誠実性や，民主的コミュニケーションの可能性を脅かしている。われわれの民主主義が生き残り繁栄するためには，私たちはコミュニティ・ラジオ，パブリック・アクセス・テレビ，そして今ではインターネットなどのような民主的コミュニケーションの道具すべてを使用する必要がある。リンダーは，私たちに，パブリック・アクセス・テレビの輝かしい歴史とともに，今もなおそれは可能性を秘めていると教えてくれる。彼女の本によって，この軽視されがちだがエネルギーに満ちた市民メディアという領域に，研究者が関心をもち社会活動家が参加することにつながればと思う。

ロサンゼルス　1999年3月

Douglas Kellner（ダグラス・ケルナー）

Graduate School of Education
Moore Hall Mailbox 951521
UCLA
Los Angeles, CA 90095

謝 辞

　私は，この本を出版するに当たって手助けをしていただいたすべての人に感謝したいと思う。この本を成功まで導いてくれた私の担当編集者のミルドレッド・グラハム・バサン（Mildred Graham Vasan），グリーンウッド出版の編集者ジェームス・T.サビン（James T. Sabin）。また，原稿を読み，鋭い指摘をくれたダグラス・ケルナー（Douglas Kellner）とウィリアム・E.ノックス（William E. Knox）。初稿を読んでくれたジェレミー・バイマン（Jeremy Byman），リン・ハミルトン（Lynn Hamilton）。博識な助言をくれたグリーンズボローのノースカロライナ州立大学図書館の司書補佐であるナンシー・C.フォガーティ（Nancy C. Fogarty）。珍しい模範例を提供し継続的に支援してくれたサリー・M.アルバレツ（Sally M. Alvarez），ホイットニー・グローヴ・バンダーウェルフ（Whitney Grove Vanderwerff）の両氏。私が最も必要としているときに激励してくれる，長年の友人であり，助言者であるジョン・L.ジェリコース（John L. Jellicorse）。彼が私を信頼し続けてくれたおかげで，私は自分自身を信じることができた。辛抱強く助言をし，指導をしてくれたジョン・R.ビットナー（John R. Bittner）。彼の指導がなければ，今日の私はなかったであろう。ソル・ヤコブス（Sol Jacobs）の前向きな物事の見方と，パブリック・アクセスがどのように発展できるかのヴィジョンなど，彼が話してくれた内容が私を研究に集中させてくれた。父であるジェームス・B.リンダー（James B. Linder）と母のジーン・H.リンダー（Gene H. Linder）は生まれてこの方，私の最愛の人々であった。上記の人々の支援や愛情がなければ，私はすべてのことを成し遂げることができなかっただろう。

　多大な手助けをしてくれた夫のギャリー・S.ケントン（Gary S. Kenton）には，永遠の愛と感謝の気持ちを捧げたい。彼の愛情，信頼，援助だけでなく，何度も何度もこの本を読み返す果てのない努力のおかげで，私はより良い思想家，研究者，そして作家になることができた。

目 次　　　　　　　　　　　　　　CONTENTS

　　　日本語版に寄せて …………………………………………　3
　　　この本に寄せて（ダグラス・ケルナー）………………　5
　　　謝　辞 ………………………………………………………　8
　　　　　図表リスト ……………………………………………　10
　　初めに ……………………………………………………………　11

序　章 ………………………………………………………………………　23

第1章　パブリック・アクセス・テレビの歴史 ……………………　37

第2章　パブリック・アクセスの規定を理解する …………………　63

第3章　パブリック・アクセス・テレビの現状 ……………………　93

第4章　現在の資金源，資金繰りの方法，そして課題 ……………　119

第5章　パブリック・アクセス・テレビの未来 ……………………　151

　　　　付録1　アンケートと回答 ……………………………　171
　　　　付録2　パブリック・アクセスの方法と内容に関連する連邦法 …　198
　　　　付録3　判例の引用一覧 ………………………………　211
　　　　付録4　関連団体一覧 …………………………………　213
　　　参考文献 ……………………………………………………　215
　　　訳者あとがき ………………………………………………　239
　　　索　引 ………………………………………………………　243

図表リスト

図　1：パブリック・アクセス・テレビの未来に影響を与える要素 … 32

表 2-1：ケーブル放送と地上波放送の違い ……………………………… 77

表 3-1：全米のパブリック・アクセスセンターの
　　　　管理主体のタイプ ………………………………………………… 95

表 3-2：NPO が制作するパブリック・アクセス・テレビの
　　　　番組の例 …………………………………………………………… 101

表 3-3：パブリック・アクセス・テレビの認知度に関する調査 ……… 112

表 3-4：ケーブルチャンネルにおける視聴率の比較（1986） ………… 113

表 4-1：パブリック・アクセス・テレビセンターの資金調達源 ……… 127

表 4-2：パブリック・アクセス・テレビの資金調達方法と割合 ……… 131

表 4-3：資金調達がパブリック・アクセス・テレビにもたらす
　　　　影響と割合 ………………………………………………………… 135

表 4-4：パブリック・アクセス・テレビにおける問題の種類と
　　　　割合 ………………………………………………………………… 137

表 4-5：パブリック・アクセス・テレビの番組の種類と割合 ………… 140

表 4-6：パブリック・アクセス・テレビセンターは，いかにして
　　　　視聴者，番組制作者を生み出すか，に関する回答と割合 … 142

表 5-1：パブリック・アクセス・テレビの未来を確実なものに
　　　　するための 6 つの推奨 ………………………………………… 156

初めに

(Preface)

　私は1989年にパブリック・アクセス・テレビに興味をもつようになった。私の友人であるソル・ヤコブス（Sol Jacobs）は，私にノースカロライナ州のグリーンズボロー（Greensboro）のパブリック・アクセス・テレビについて彼の経験と不満について語ってくれた。彼の話を聞いているうちに，私はパブリック・アクセス・テレビに対する彼の情熱とその価値を理解するようになった。この本は，約10年間の地域的な，そして全国的なパブリック・アクセス・テレビ運動に取り組んできた成果である。そしてまたこの本は，アメリカの電子石鹸箱（演説台）のようなコミュニティにおけるコミュニケーションツールの将来に，私や多くの人たちとともに抱く関心事・不安要素についてまとめたものである。読者の皆さんに，私の個人的な取り組みを理解していただくためには，グリーンズボローにおけるパブリック・アクセス・テレビの簡単な歴史を述べる必要がある。

　グリーンズボローは，ノースカロライナのピードモント地区に位置するおよそ20万人の都市である。グリーンズボローがパブリック・アクセス・テレビをもつに至るまでの道のりは長く曲がりくねっており，多くの紆余曲折があった。その道程の特色は，グリーンズボローに特有のものであるが，そのプロセ

スは他の地域と大変似通ったものである。

　グリーンズボロにケーブルテレビサービスをもたらしたケーブルラインシステムは，1960年代中ごろにサザンベル・コーポレーション（Southern Bell Corporation）によって構築された。そのとき，ケーブルテレビは意義的には市民のために主に電波障害を取り除くことで，奇麗な受像を保障する手段であるとされていた。ケーブル会社は，ローカルフランチャイズは儲かると認識していた，しかしそれは単にケーブルテレビが成長する市場であると見ていたという理由からだけであった。誰も新しい，既存とは異なる番組を一般のリビングルームに直接もたらす可能性については，まったく考えが及んでいなかった[1]。

　1966年という早い時期に，ジェファーソン・スタンダード・ブロードキャスティング（Jefferson Standard Broadcasting：巨大な保険会社であり，グリーンズボロの主要な企業体であるジェファーソン・パイロット・コーポレーション（Jefferson-Pilot Corporation）の系列会社）はグリーンズボロのケーブルテレビの運営に乗り出した。ジェファーソン・パイロット・コーポレーションは，彼ら独自のケーブルネットワークを敷設する代わりに，未熟なケーブルシステムであったケーブルビジョン・オブ・グリーンズボロ（Cablevision of Greensboro）を運営するため，サザンベルとリース契約を結ぼうと考えた。ジェファーソン・カロライナ・ケーブルビジョン（Jefferson-Carolina：新しい系列会社はそう呼ばれた）は，地元の競争相手であるビューモア・ケーブルビジョン（Vuemore Cablevision）をしのぎ，1966年にケーブルビジョン・オブ・グリーンズボロの経営を引き受けた[2]。

　1967年中ごろまでに450マイルのケーブルを敷設し，ジェファーソン・カロライナ・ケーブルビジョンは最初の契約者たちにサービスの提供を始めた。しかしこれ以上の展開は，この同じ年に止められた。メディアの独占を防ごうとしていた連邦通信委員会（FCC）は，電話会社がシステムを所有する形での，ケーブルの新たな敷設を全国的に凍結した。この法律上の壁は，ジェファーソン・カロライナ・ケーブルビジョンがコロラド州イングルウッド（Englewood）にあるアメリカン・テレビジョン・アンド・コミュニケーションズ・コーポレ

ーション（American Television and Communications Corporation：以後ATC）に買収される1972年まで続いた。そのとき，およそ5,000件の契約者がいた。しかし，法律的な壁が取り除かれ，契約者の数が安定して増加していたにもかかわらず，1973年から74年までの不景気はケーブルのさらなる拡大を抑制した[3]。

　この初期段階では，グリーンズボローの市民たちはパブリック・アクセス・テレビについて何らの明白な要求・理解を示すことはなかった。連邦法が改定されなければ，このような状況が続いていたのかもしれない。1972年に，FCCは上位100位までのテレビ市場におけるローカルケーブルの運営者に3つのアクセス・チャンネル（行政・教育・パブリック・アクセス・テレビ：P・E・G）を設置するように義務付けた。グリーンズボローは単独ではあまりにも小さく，FCCのガイドラインに当てはまらなかった。しかしFCCはグリーンズボローをウインストン・セイラム（Winston-Salem）とハイ・ポイント（High Point）を含み，3地区をひとくくりとして考え，上位100位のうちの1つの市場規模と見なした[4]。

　この優位な状況を利用する準備ができていたのは，この地域の2人の活動家，ジム・クラーク（Jim Clark）とソル・ヤコブスであった。彼らは地域の番組を発展させる目的で，コミュニティ・アクセス・テレビジョン（Community Access Television）という名前のNPOを設立した。1974年と1975年の数ヵ月の間，ヤコブスはジェファーソン・カロライナ・ケーブルビジョンの事務所の裏で間に合わせのスタジオから週1回放送のトークショーの司会を務めた。クラークによれば，「ヤコブスはおじいちゃんのような笑顔とふさふさの眉毛をもっており，グリーンズボローのウォルター・クロンカイトのような存在だった」。コミュニティ・アクセス・テレビジョンは他の番組も同じように育てた。その中には「プランクトン・プレイハウス（Plankton Playhouse）」という風刺番組や「ジョールズ（Jowls：あご）」と呼ばれる殺人白豚がグリーンズボローを恐怖に陥れるという物語もあった。クラークはその番組について「ヤバいヒットだった」と述べている[5]。

　自分たちがテレビ番組を制作することができるという可能性に勇気付けられ

た者はヤコブスとクラークだけではなかった。土曜の朝の番組制作トレーニングセッションは，何人もの個人やグループを引き付け，それらはコミュニティの多様な構成要素を表していた。専門的技術のレベルを上げることを目的として地元の写真家であるアイラ・ブラウステイン（Ira Blaustein）は，フォトファーム・テレビジョングループ（Photopharm Television Group）と名付けられた学生のプロダクションチームを組織した。ほとんどの学生は8年生から9年生で，彼らはすでに学校内のクローズドなテレビ放送でニュース番組を制作した経験があった[6]。

　1975年に，ヤコブスはいくつかのパブリック・アクセス・テレビに関する会合を組織する手助けをした。これらの会議は結果としてパネルディスカッションとして開催され，ジェファーソン・カロライナ・ケーブルビジョンのスタジオから放送された。この番組の冒頭部分には，ケーブルで見られる4つのタイプの番組（PEG放送とリース放送）の説明が含まれていた。その説明の後，パネリストたちは番組上で視聴者からの電話による質疑応答を受け付けた。これは，グリーンズボローのパブリック・アクセス・テレビにおいて電話による視聴者参加番組が登場した初めてのことだった。しかし恒常的な設備の故障やジェファーソン・カロライナ・ケーブルビジョンからのサポート不足が打撃を与え始め，未来のプロデューサー候補たちのやる気をそいでいった。コミュニティ・アクセス・テレビを生き返らせるための最後の試みとして，ヤコブスはグリーンズボロー市議会に15,000ドルを新しい機材を購入の費用として懇願した。「カメラの質が非常に悪く，放送に耐えられる映像が撮れない」とヤコブスは市議会に報告した[7]。しかし，懇願は拒絶された。

　その後，パブリック・アクセス・テレビの話題は1979年まで持ち上がることはなかった。その年，ジェファーソン・カロライナ・ケーブルビジョンとグリーンズボロー市のフランチャイズ契約の更新が持ち上がり，交渉内容が数多くの公開討論の題材となった。ケーブルへの要求の高まりが，HBO（映画専門）チャンネルの出現とケーブルビジョンの業績不振によって助長され，市議会がより強い交渉態度をとることに繋がった。市はジェファーソン・カロライナ・

ケーブルビジョンに対し，10万ドルの契約履行保証金を求めた。市議会において市長であるジム・メルビン（Jim Melvin）は「サービス提供の大いなる怠慢」[8]であると言及した。また「ケーブルビジョンは野良犬問題の次に市民の苦情を生み出す」とも発言した[9]。

　しかしこの「不屈の姿勢」はパブリック・アクセス・テレビの支援には繋がらなかった。それはクラークとヤコブスがケーブルビジョンとの間の契約の規定にパブリック・アクセス・テレビのサービスを加えるよう市議会を説得しようとしたときに明白となった。彼らはノースカロライナ公共政策研究所（North Carolina Center of Public Policy Research）によって発表された1978年の「ノースカロライナにおけるケーブル・テレビジョン（Cable Television in North Carolina）」から引用した。その中でパブリック・アクセス・テレビの潜在能力がどう評価されているか，また国中で制作される高品質な番組の例などを紹介した。1つのモデルケースとして，クラークとヤコブスはダラム（Durham）市がダラム・ケーブルビジョンにスタジオ・カメラ・技術的支援を地域のグループに提供することをフランチャイズ契約の中に含めさせたことを挙げた。彼らはまた，ジェファーソン・カロライナ・ケーブルビジョンがパブリック・アクセス・テレビを提供する能力を得られたら（推定では1984年辺り），すぐに提供開始するべきである，という内容がグリーンズボロー市の職員の要請書の中に記載されていることを指摘した。「しかし，とにかく市議会は興味をもたなかった」とクラークは言った[10]。1979年にグリーンズボロー市とジェファーソン・カロライナ・ケーブルビジョンとの間で結ばれた新しい15年のフランチャイズ契約には，パブリック・アクセス・テレビに関する追加の記載はまったく含まれていなかった。今あるPEGのサービスは，経済的貧困状態のまま1994年まで難航することとなる。

　テレビに露出する機会を使用した者たちの中で一番目立っていたグループは，アフリカ系アメリカ人の教会であった。教会に来ない人，来る可能性のある人たちや一般市民への説法を届けるための方法を探していたところ，アフリカ系アメリカ人牧師たちは，早い段階でパブリック・アクセスが安価で教会の壁を

越えて彼らの奉仕の心を広める手段であることを発見した。彼らはパブリック・アクセス・テレビで，礼拝をビデオテープに記録し放送してくれる独立系プロデューサーたちを見つけた。しかし，グリーンズボローにおいては，より広い意味の「市民」のためにパブリック・アクセス・テレビを使用した人はほとんどいなかった。そもそもパブリック・アクセス・テレビは，本来は市民のために作られたものだったのだが，「意見交換の市場（marketplace of ideas）」を広げる意味をもったパブリック・アクセス・テレビの夢は，凍結してしまったのである。それを，フランチャイズを認可する側（グリーンズボロー市）もフランチャイズを認可される側（ジェファーソン・カロライナ・ケーブルビジョン）もまったく気に留めることはなかった。

　しかし，ソル・ヤコブスは諦めなかった。彼は市民団体である「責任ある政府を求める市民たち」（Citizens for Responsible Government : CFRG）を通じてグリーンズボローでのパブリック・アクセス・テレビの支援を拡大していった。そのCFRGというのは，彼の兄弟であるシー（Cy）とモリー（Morry）とともに創設した進歩的な組織であった。彼はパブリック・アクセス・テレビを改善する次の機会は1994の契約更新であることに気付いていた。そして先立って議員などへのロビー活動の努力の開始が必須であることもわかっていた。彼は80歳代になり，健康を害した状態であったが，彼はサリー・アルバレツ（Sally Alvarez）と筆者である私を採用し，パブリック・アクセス・テレビの旗を掲げさせた。1991年には，私たちは市議会のメンバーに説明を始めた。そこで契約更新がグリーンズボローの市民がパブリック・アクセス・テレビのサービスを獲得する絶好の機会であるということを説明し始めた。私たちはロビー活動中，当時女性市議会議員であり，CFRGの創設メンバーであるキャロライン・アレン（Carolyn Allen）の激励を受けた。

　1991年の7月，私たちはCFRGの保護の下，パブリック・アクセス・テレビに興味がありそうな，そして興味があるべきであると考えられた個人や組織に手紙を送った。その手紙はパブリック・アクセス・テレビに関する基本的な情報や契約の再交渉の情報も含まれていた。そして8月に図書館で開く説明会

への参加を呼びかけた。たった9人しか参加しなかった。しかしその9人の中には，ギルフォード市技術短期大学（Guilford Technical Community College），家族生活協議会（Family Life Council）や他の組織の代表者，独立系プロデューサーたちが含まれていた。この会合でのブレーンストーミングは，私たちがグリーンズボロー市にパブリック・アクセス・テレビを推進するための戦略を立てることに大いに役立った。私たちはまた，パブリック・アクセス・テレビのサポーターのメーリングリストの参加者を増やしていった。その次の会合で，われわれは自らをグリーンズボロー市民ケーブル推進委員会（Greensboro Citizens Cable Advisory Committee：GCCAC）と名付けた。

告知活動，ロビー活動，ネットワーク作りの結果，1979年とはまったく異なる状況でわれわれは交渉を行うことになった。1991年，市は契約更新交渉の指導を請うため国内のコンサル会社を雇った。翌年，市議会によってPEGに関する情報を集め，要望書を作るために市民による調査特別委員会が3つ組織された。GCCACとCFRGからのアドバイスを取り入れ，市はまた契約更新交渉のプロセス全体を監督する事務所を設置した。

その年の終わり，グリーンズボロー市はパブリック・アクセス・テレビの番組制作の将来を決定するためのケーブルテレビジョンセミナーのスポンサーとなった。コンサルタントはPEGアクセスの全国的な見通しについて説明し，パブリック・アクセス・テレビの番組のビデオサンプルを紹介した。これこそがターニングポイントであった。高品質なパブリック・アクセス・テレビの番組を見せることが，市議会議員や市職員から支援を得る意味で重要な鍵となった。またそのことは，グリーンズボローにおけるパブリック・アクセス・テレビの可能性をより多くの人々に伝えていこうとGCCACメンバーにますます思わせる結果となった。

1992年2月，市はケーブルテレビが住民や施設や団体に提供することができる，またはするべきであるサービスや番組を学ぶために地域評価委員会の指揮を執り始めた。と同時に，コンサルタントたちは郵便による調査により，政府機関や教育機関，コミュニティ組織から代表者に彼らのパブリック・アクセ

ス・テレビの現在の使用法と将来の使用予定を聞き始めた。回収率は77％（66のうち51が回答）で，その調査結果は市民のニーズや認知度を把握する上において大変価値のあるものであることを証明した[11]。

3つの調査委員会からの査定や調査，レポートによって，市はパブリック・アクセス・テレビチャンネルに関わるコミュニティには以下のニーズがあることを認識した。パブリック，教育，行政のためのアクセスチャンネル，必要ならば追加するチャンネル，研修制度や制作補助，スタジオ，携帯用の機器，ポストプロダクションの設備や施設。そして，ケーブル放送に向けて適切な番組制作のポイント。さらに，近くのコミュニティとの相互接続。この需要のリストは，市が正式な再交渉を始めようとケーブルビジョンに送る準備をしていた提案依頼書（Request for Proposal, RFP）の基礎を作った[12]。

グリーンズボロ市とジェファーソン・カロライナ・ケーブルビジョンの交渉は，1993年初頭に始まり，1994年まで続いた。パブリック・アクセス・テレビは再び，1993年に市長に選ばれた前出のキャロライン・アレンと次の年に市長選挙で不幸にもアレンと対抗した前市議会議員のトム・フィリップス（Tom Phillips）の間で1994年に開かれた公聴会の題材となった。より受信契約者が増えることにより，ジェファーソン・カロライナ・ケーブルビジョンがより多くのフランチャイズ料金を市に手渡すという図式を，フィリップスは"税金"として表現した。彼は，赤裸々で汚らわしい言葉が数多く使われているパブリック・アクセス・チャンネル番組を放送することによって生じた論争についても言及した。その番組とはジェファーソン・カロライナ・ケーブルビジョンで夕方に放送され，子供たちが見る時間にふさわしくない番組だと考えたコミュニティの両親や他の人々からの抗議を受けたものであった。

この期間における地域メディアに取り上げられる回数は高く，しばしばパブリック・アクセス・テレビの振興にとってダメージとなった。コストの問題さらには不快感を与える番組の問題は，地域のテレビを使ってコミュニティ間のコミュニケーション手段をもつというパブリック・アクセス・テレビの利益をぼやかし，影を投げかけた。しかしCFRPの助力のおかげで，われわれは長い

選挙期間中のネガティブ・キャンペーンのほとんどに対抗しうる準備をすることができていた。

1995年7月についに結ばれたフランチャイズ協定（前の契約が終了した1994年10月に効力はさかのぼる）には，パブリック・アクセス・テレビは非営利組織が運営し，教育アクセスは地域の学校・短大・大学の共同体が，行政アクセスはグリーンズボロー市が運営する，ということが規定された。翌6月，サリー・アルバレツと私は，他の16人とともに，非営利組織を設立し，パブリック・アクセス・チャンネルの運営を掌握する重役に市議会から指名を受けた。グリーンズボロー・コミュニティ・テレビ（Greensboro Community Television：GCTV）は新しいNPOで，立ち上げ資金と10年間の契約期間中に供給される適度な運営資金を保証された。

1996年の春から夏までに，GCTVはウィスコンシンとインディアナでパブリック・アクセス・テレビに携わった経験のある重役カレン・トェリング（Karen Toering）など必要なスタッフを雇用した。10月に予定されていたチャンネルの公式引き継ぎもあり，最初の取り組みはパブリック・アクセス・テレビのイメージアップであった。以前のアクセス・チャンネルは，商業放送番組の寄せ集めだったり，地域の学校によって生まれたいくつかの番組，教会からの番組，市議会のミーティングの様子，そして自惚れたビデオ制作者の番組などをごちゃ混ぜにしたようなものであった。

トェリングとGCTVスタッフ，そして委員会のメンバーの手助けによって，われわれは計画を練り上げることができた。スローガンは，「ケーブル8チャンネルの新たな顔（A New Face for Cable 8）」になり，PRキャンペーンは始まった。準備委員会が組織され，PRコンサルタントがオープニングイベントの計画を担うために起用された[13]。

一大メディアキャンペーンが始動した。操業開始のための舞台を整えるため，そして以前から地域メディア報道を支配していた，パブリック・アクセス・テレビに対する否定的な意見を修正するためである。メディアに配る道具一式（プレスリリースや資料，ポスター，略歴，これからのスケジュール，パンフレットな

19

ど）が作られた。トェリングは定期的にトークショーに出演したり，市民団体の前に現れ，彼女自身のことや"新しい"ケーブルの 8 チャンネルを紹介したりし始めた。

　100 を超える NPO からの参加の申し込みの後，GCTV のスタッフは 10 を選び出し，彼らの活動に基づく番組の制作を促進した。引き継ぎ後 1 週間でコミュニティに影響を与える上質の番組を放送することが目的である。番組を制作した組織は，てんかん患者協会（the Epilepsy Association）や青年会議所（the Jaycees），都市省（Urban Ministry），グリーンズボロースポーツ委員会（the Greensboro Sports Commission），ボランティアセンター（the Volunteer Center），アップリフト社（Uplift, Inc.,），青少年連盟（the Junior League），ピードモントブルースを守る会（the Piedmont Blues Preservation Society），動物愛護協会（the Humane Society），グリーンズボローのコミュニティシアター（Community Theater of Greensboro）だった。

　3 つの独創的なプロモーション用 CM が GCTV のためにグリーンズボローにあるノースカロライナ州立大学の映画専攻の学生によって作られ，放送開始の数週間前からケーブルの 8 チャンネルとそのほかのチャンネルで流された。「ケーブル 8 チャンネルの新たな顔（A New Face for Cable 8）」というタイトルの 30 分の紹介ビデオが制作された。そのビデオはグリーンズボローのパブリック・アクセス・テレビの短い歴史や委員会のメンバー，新しい施設をツアー仕立てで紹介し，パブリック・アクセス・テレビの背後にある哲学と GCTV が将来何をしたいのかを説明した。

　GCTV の施設は，ファンファーレとともに 1996 年 10 月に正式にオープンした。盛大なオープニング行事の一部として，市長のアレンはグリーンズボローのダウンタウンにある，新しい施設の前のテレビセットの上でおもちゃのシャンパンのボトルコルクを開けた。盛大なオープニングのお祝いは，パブリック・アクセス・チャンネルで生中継された。この時点で，グリーンズボローはノースカロライナ州の中でパブリック・アクセス・テレビを運営するたった 6 つの都市の 1 つになった（ほかは，ローリー（Raleigh），シャーロット（Charlotte），

チャペル・ヒル（Chapel Hill），ブーン（Boone），ダラム（Durham）だった）。

1998年10月までに，450を超える組織と個人がグリーンズボロ・コミュニティ・テレビのメンバーとして雇われた。GCTVは毎月141の新しい番組を放送しており，そして成功に最も貢献したと想定される事実は月に2,000時間を超える機材や設備の利用実績であった。GCTVでは，カントリー音楽の番組「ナシュビルの衝撃（Nashville Strokes）」や地域のアフリカ系アメリカ人コミュニティの中から代表者が出演するインタビュー番組「AAP」，地域の健康とエクササイズの番組「健康でいよう（Staying Healthy）」，R&B・レゲエ・ジャズ音楽やアーティストのインタビューの番組「リール・タイム・ビデオ・カウントダウン（Reel Tyme Video Countdown）」，6歳から12歳の子供のダンス番組「キッドフェスト（Kidfest）」，ノースカロライナ州議会のニュース「立法ニュース速報（Legislative News Update）」，ノースカロライナ動物園の月1回の番組「ワイルド・アンド・ワンダフル（Wild and Wonderful）」のような連続放送の番組がいくつか現れた。また1回切りの番組は，土地の利用，高齢者介護，財政計画や水質問題を扱っていた。週1回の世間の出来事の番組は，「デモクラシー実行中（Democracy in Action）」というタイトルで，ソル・ヤコブスの軌跡が取り上げられた。

グリーンズボローの活動は独特であったが，地域のアクセス支持者が直面した障害は，他の地域のものと似ていた。市民が公に演説をすることは制限されて来た歴史があるし，政治的風土も他の地域より保守的であった点は他とは違うだろう。しかし，市民の参加，表現の自由，フランチャイズ契約の条件，議論の余地のある番組などは，他の地域と同じ基本的な問題であった。

人々がパブリック・アクセス・テレビを設立しようとしていたり，パブリック・アクセス・テレビがすでにある状況ではどこでも，いつでも資金がない，もしくは資金が十分でないという不安がある。米国におけるパブリック・アクセス・テレビの歴史や現状を説明すること，財源不足・欠如の不安の本質を話し合うこと，規制緩和のための方法を提示することが，この本の目的である。米国におけるパブリック・アクセス・テレビの全体像とわれわれの電子石鹸箱

（演説台）の未来を守るための総合的な進言を，次からの章で紹介する。

注　　　　　　　　　　　　　　　　　　　　　　　　　　NOTES

1) John Roberts, "Cablevision Plans Major Expansion," *Greensboro (North Carolina) Record*, 28 March 1979, sec. A, 1, 5.
2) 1996年5月12日，ノースカロライナ州グリーンズボロー市の市議会へ承認申請。初期のケーブルテレビシステムは，高いタワーや丘，山の上に大きなアンテナを設置し，そこから家の近くまでラインを敷き，受信能力を向上させていたことから，コミュニティ・アンテナ・テレビと呼ばれていた。
3) Roberts, "Cablevision Plans Major Expansion." sec. A, 5.
4) John Roberts, "Cable : Quality Programming is Necessary," *Greensboro (North Carolina) Record*, 30 March 1979, sec. A, 5.
5) Jim Clark, "Revolt in Videoland," Triad *(North Carolina)* 4, no. 1 (winter 1979), 18.
6) Bill Lee, "Team Approach Lets Access TV Look Professional," *Greensboro (North Carolina) Daily News*, 21 February 1975, sec. B, 1.
7) Quoted in Lindsey Gruson, "Cablevision to Post Bond, to Install Public Access," *Greensboro (North Carolina) Daily News,* 29 March 1979, sec. C, 1.
8) John Roberts, "Cablevision : Local Government Decides CG Fate," *Greensboro (North Carolina) Record*, 28 March 1979, sec. A, 1.
9) Winston Cavin, "City Council Blasts 'Sorry' Cable TV," *Greensboro (North Carolina) Daily News*,7 March 1979, sec. B, 1.
10) "Cablevision Television in North Carolina," N.C. Center for Public Policy Research, Inc., Raleigh, NC, 1978, 30-45 ; "Cable and the Public," *Greensboro (North Carolina) Daily News*, 12 April 1979, sec. A, 4 ; and Roberts, "Cable Quality Programming is Necessary," sec. A. 1.
11) *City of Greensboro Cable Task Force Report*, City of Greensboro, NC, September 1992, 73.
12) *Ibid.*, 1.
13) Sally Alvarez, "Building Community Support," *Community Media Review* (Spring 1997) : 9.

序章

1983年から1996年の間で，合衆国の主要メディアの所有者は，国際的で多国籍な50の企業から10の企業へと減少した。メディアの大多数は，その10の企業によって所有されている。ベン・バグディキアン（Ben Bagdikian）が「メディアの独占（Media Monopoly）」第5版の序文の中で述べているように，「この一握りの巨人たちが，合衆国における事実上の新しいコミュニケーション産業のカルテルを創造した」[1]。マスメディアの所有権が一部に集中するにつれ，2つの問題が浮上してきた。1つ目は，マスメディアの報道によって大衆の意見の幅がますます狭くなり，均質化されてしまうこと，2つ目は，1つ目に関連するが，地域の話題の報道が少なくなってしまうことである。この2つの問題に対抗しうるものが，パブリック・アクセス・テレビである。本書は，パブリック・アクセス・テレビがこれらの問題に対して今までどのように取り組み，今後どのように取り組みうるのかについて示し，そしてパブリック・アクセス・テレビの継続に将来，影響するであろう重要な要素を確認するための試みである[2]。

　所有権の集中は，メディアの商業化の拡大をも意味してきた。米国における営利的なマスメディアはお金を儲けるためにビジネスをし，それゆえスポンサーの広告をできるだけ多くの消費者に見せなければならない。したがって，できるだけたくさんの広告主を引き付けるため，そしてできるだけ多くの消費者を引き付けるため，できるだけ面白くメディア・メッセージを作ろうとする強い意欲がある[3]。それゆえに多くの聴衆を引き付けるため，マスメディアは，意味のある地域の話題を排除し，大衆の興味を引く取るに足らないことを多く取り扱うセンセーショナルな番組内容になりがちだ。より意味のある番組を求めている視聴者の割合は，多くの場合小さすぎて妥当な人口統計や適切なマーケットシェアを生み出すに至らないと考えられている。最大多数の視聴者を求めるため，多くのマスメディアは，大多数ではない人々を除外したり，重視しない傾向にある[4]。

　マスメディアの視聴者は，企業によってスポンサーされていない，あるいは

影響を受けていない意見を聞いたり，自身のメッセージを広めたりする機会を与えられることはめったにない。意見をもつ一般人にとって，表現の出し口はほとんどない。多くの雑誌や新聞で，純粋で編集されていない一般の意見に当てられているのは読者投稿欄だけである。しかし，新聞や雑誌によって受け取られる手紙のうち掲載される意見はほんの少しだ。その他の個人的な情報発信できる出し口はインターネットがあるが，メッセージを発信するのに必要な（高度な）能力や設備が，それへのアクセスを制限する。加えて，インターネットの情報の利用者は地理的にあまりに広く散らばりすぎているため，地域に根ざしたコミュニティのための情報としては有益ではない。ネットワーク局は，視聴者参加型ラジオ番組を（意見の）出し口として提供しているが，この番組形態は読者投稿欄と同じようなことが言える。それはつまり電話をかけてきた人たちは最初に選別されてしまうため，ほんの一握りの人たちしか電波を使って発言することが認められないということである。また映画産業には，読者投稿欄に代わるようなものはない。

　個人が，自身の新聞や雑誌を出版することはいつでも可能である。しかし，配布はとても困難で，財政的にも障害がある。事業的に成功の見込みのある新聞や雑誌を発刊するのは難しい。多数の読者を引き付けるために広く配布することができる裕福な個人はめったにいない。だから，電子（映像）メディアが思想を発信するものとしてますます主要になっているにもかかわらず，テレビ放送や映画の制作は，一般の人が手を出せないくらい高級なものになってしまった。ただし一握りの企業を除いては。

　社会における世論形成に及ぼすマスメディアの重要性と，パブリック・アクセスがその特別な役割を果たす潜在的能力については，1996年に最高裁判所判事であるケネディ（Kennedy）とギンズバーグ（Ginsburg）によって認められた。判事たちはこう書いた「考え方は，かつてのように街頭や公園で変えられるものではない。ある一定のレベルまでは，洗練された意見の交換や公の意識形成はマスメディアや電子メディアにおいて起こる」[5]。

　報道の自由の維持は，英国統治下の干渉や支配を以前に経験したことに起因

して，合衆国の創設者にとって重要であった。しかし彼らは，言論の自由と思想交流の自由にも同様に熱心であった。最高裁判所は，平等主義を掲げながら，指標となるこの判決の中で，この重要性を何度も繰り返した。Red Lion Broadcasting v. FCC の中で「*最も尊重されなければならないのは，放送する側の権利ではなく視聴者の権利である。憲法修正第1条の目的は，考え方の偏りを黙認することより最終的に真実が生き残るための抑制されていない思想交流の場を保障することである*」(斜字は後に書き足された部分)[6]。

合衆国の創設者たちは，デモクラシーの原理を採用したことによって3つの重要な主義を理解するに至った。まず1つ目は，効果的なデモクラシーに必要なのは，活動的で・開かれていて・市民ベースで自由に意見交換できる状態である。2つ目は，市民による積極的な参加そのものだけでは，長期的な公共の利益を生み出す保証がないということである。つまり，有益な効果をもたらすために，市民は広い範囲の情報や考え方に関わらなければならない。すべての選択肢を聞いた後でなければ，市民は公共選択をする上で知的な判断を下すことはできないということである。3つ目は，市民が多くを知るためには意見の自由な交換を保証することが必要であるということだ。合衆国創設者たちは，現代のメディアを支配している情報伝達のシステムについては全く知らなかった。しかし，このような基本的な考え方は，現在も生き残っている。

（情報への）手段がなくアクセスできないのに「抑制されていない意見交換の場」はありえるのだろうか。一方では，憲法や判例で保証されている平等や情報公開の原理があるが，他方では，ディベートや議論よりも視聴率や利益をより重視している情報伝達システムがある。

報道の自由に多くの人の注目が向けられており，放送局は，それを守ることに莫大な予算とエネルギーを費やしてきた。しかし，メディアを支配的に所有することが富へとつながって行く，ということに興味を抱いている企業体による集中的所有によって，市民はしばしばコミュニティに存在する様々な視点に接触する術をもてなくなった。膨大な専門誌とおびただしい数の「ナローキャスト（狭い範囲をカバーする）」なケーブルチャンネル（例えば歴史，ゴルフや天気

予報のチャンネル）があるにもかかわらず，これらのメディアを通して広められるメッセージは，たいていメディアの経営者や企業や広告代理店によって強調され，専門的であっても，マジョリティの視聴者をターゲットにしている[7]。「テレビとデモクラシーの危機（Television and the Crisis of Democracy）」においてダグラス・ケルナー（Douglas Kellner）が言うように「商業放送のシステムにおいては，商業はコミュニケーションを支配し，広告主と放送局の組織的な私的利益は，公共の利益や民主主義に勝っている」[8]。メディアからの発信の多くが，少数の巨大企業によってコントロールされるときに，どうやって人々は非商業的で地域的な意見や思想を話したり聞いたりできるだろうか。パブリック・アクセス・テレビは，この問題に素晴らしい解答を提供する。パブリック・アクセス・テレビが出現したことで，市民はそのコミュニティの中で独自のメッセージを発信できるだけではなく，これまで商業的利益のみを追求するために使われて来たテレビという強力なメディアを通して，他者からのメッセージを受け取る現実的な手段を与えられたのである。例えば，シカゴ・アクセス・ネットワーク（Chicago Access Network : CAN TV）は，その使命の一部として，とりわけ「公衆のテレビを通した他者とのコミュニケーションを図る権利」を強調している[9]。

　ケーブルテレビは約50年にわたり合衆国において利用されてきたにもかかわらず，ケーブルテレビにおけるパブリック・アクセスはその半分以上が過ぎてから生まれた。1970年代初め，パブリック・アクセス・テレビは，幾分試験的に公共・教育・行政の3つの重要な分野において発展してきた。パブリック・アクセス・テレビは，一般市民のために一般市民によって制作されることによって存在する番組である。教育チャンネルは，公共の学校やコミュニティカレッジ，大学のような教育的な組織によって制作される番組を指す。そして行政チャンネルは，地方自治体や消防署，警察署や保健所などの行政機関によって制作される番組を指す。これらの3タイプのチャンネルは，PEGチャンネルと呼ばれる[10]。

パブリック・アクセス・テレビの定義

　パブリック・アクセス・テレビ（しばしばコミュニティ・テレビとも呼ばれる）は，「ジャーナリストやディレクター，プロデューサーのようなマスメディアで働くプロたちの干渉なしにダイレクトなコミュニケーションの方法としてテレビを使うという試み」[11]として始まった。パブリック・アクセス・テレビの別の記述としては，「ケーブルテレビの経営者や彼らが選んだ番組の制作者たち以外の第三者団体による番組」[12]であり，「思想を表現したり，そのコミュニティのメンバーに向けた情報を伝えるための独特の機会」[13]「無料で利用できる市民や地方自治体や似たような組織による番組の制作や配信」[14]「興味をもっている市民すべてが，情報を共有したり，意見を戦わせたり，地域イベントを記録したり，人を楽しませたりするために，コミュニティの前で表現できる電子フォーラム」[15]であり，「街頭演説台や意見が印刷されたチラシに相当するビデオ」とも言われる[16]。

　目的に注目した定義としては，パブリック・アクセス・テレビには，理解しにくいが，より機能的な定義がある。パブリック・アクセス・テレビは，もっぱらパブリック・アクセス・テレビのために無料で与えられたチャンネルで放送するコマーシャルのないテレビ番組を制作する。無料もしくは最小限の費用で，ケーブルテレビ経営者や地方自治体によって提供された機器や自分たちがもっている機器を使って番組を制作する。ケーブルテレビ経営者と結びつくことのない人々で成り立っている，というものである。パブリック・アクセス・テレビは，編集されたりフィルターにかけられたり作りかえられたり消されたりすることなしに，地域のテレビ視聴者に自分たちのメッセージを広めることを可能にする。そして，マイノリティー側にとってこれは特に重要である。ジェシカ・マリア・ロス（Jesikah Maria Ross）やJ・アーロン・スピッツァー（J. Aaron Spitzer）は，アート・ペイパーズ誌（Art Papers）に書いた記事「パブリック・アクセス・テレビ：メッセージ，メディア，そして運動（Public Access Television ; the Message, the Medium, and the Movement）」において，次のように述べ

ている。パブリック・アクセス・テレビは,「CM と CM の間の短い放送時間の中に多様性よりも白く奇麗な歯や訛りのない発音を大事にする商業放送の価値観を通してよりも,文化的な少数派が自らを自分らしく表現する機会を育成してくれる」[17]。

パブリック・アクセス・テレビの提案者たちによる理論的根拠を再検討した結果,下記の5つの主要な目的が明らかになった。

① ビデオ形式で自分たちの意見やメッセージを表現したり,それを市民に広めたりするために,個人やグループに手段(テレビメディア)を与えることによってコミュニティを創造する。
② 市民にテレビ制作のプロセスを理解させ,市民がビデオで表現する方法を教える。
③ 公開演説や多様性の理解を促進する。
④ 個人や団体が番組の制作を通して互いに影響し合い,協力できる場所を作る。
⑤ 社会変革を引き起こすために,フィルムやビデオの技術を活用する。

テレビメディアは,一部の企業に私的に所有され独占されており,一般市民はほとんど受動的に視聴する役割に追いやられていた。民主主義が効果的に機能するためには,人々が市民の問題に積極的に関わり,より効果的で建設的な行動をする必要がある。そして市民は自らのコミュニティに存在する多様な考え方について知っていなければならない。市民はマスメディアを支配する商業的な情報以外の多様な選択肢にも耳を傾ける必要がある。しかし,さらに重要なのは,市民は他者のメッセージの受動的な受け手ではなくて積極的な送り手(発信者)にならなければならない。パブリック・アクセス・テレビは,市民がテレビメディアを使って自分たちの地域の非商業的なメッセージを作り,広め,受け取る手段を供給することを目指している[18]。

1972年初め,合衆国対ミッドウェスト・ビデオ社の裁判で,最高裁はケーブルテレビは「コミュニティの自己表現にとって」重要な表現の場であり,

「市民の討論を通して，権力集中の増加への唯一の対抗策」として認めた[19]。3年後，ケーブルテレビの活用が可能な地域における調査では，パメラ・ドティ（Pamela Doty）が『コミュニケーション誌（Journal of Communication）』の中の彼女の評論「パブリック・アクセス・テレビ―誰が興味あるんだ？（Public Access TV : Who Cares?）」で，次のように述べている。「パブリック・アクセス運動の提唱者たちは，パブリック・アクセス・テレビを真の多元的な参画型社会のための理想的なコミュニケーション手段として見ている。さらに具体的に言うと，彼らは，地域行動主義やご近所さんとの井戸端会議によるコミュニティ精神や，かつてのコミュニティ・ニュースペーパーが担っていた機能のさらなる拡大について話していたのだ」[20]。およそ25年たった今，このパブリック・アクセス・テレビの可能性への期待は生き残っているものの，まだ少ししか現実化していない。現在，アメリカで毎週1万5,000時間を超える地域に根ざしたオリジナルの番組が制作され，2,000のパブリック・アクセスの拠点があると推定されている[21]。しかし，パブリック・アクセス・テレビの発達はゆっくりで，コミュニティからコミュニティへ広がりつつあるちょうどその最中に，通信産業の変化がパブリック・アクセス・テレビの伝達システムを脅かす可能性を増してきたのである。1980年代のケーブル産業の規制緩和後，通信と電力産業は，動画配信ビジネスに参入することによって著しい成長を見せた。そして衛星放送サービスの進出もともない，パブリック・アクセス・テレビの未来は不安定になった[22]。

　パブリック・アクセス・テレビが電子演説台として十分役割を果たし続けるには，6つのステップがある。第1のステップは，パブリック・アクセス・テレビへの市民の参加と理解の促進である。市民の認知度が上がらなければ規模は縮小し，支援もなくなるだろう。また，市民の参加がなければ存続させるために支援する理由がなくなる。

　パブリック・アクセス・テレビの存続を確保する第2のステップは，パブリック・アクセス・テレビの運用者が財政的に自立しているということである。多くのパブリック・アクセス・テレビの組織は，ケーブル会社と地方自治体間

のフランチャイズ交渉を経て，財政の大半を彼らから（またはどちらか一方）の支援でまかなっている。パブリック・アクセス・テレビの予算の一部は，メンバーからの会費や設備のレンタル，個人の財源から来ている[23]。財政の自立性を安定させる必要性の根拠は，この急激に変化している規制と技術環境にある。自立のための一歩は，パブリック・アクセス・テレビセンターが包括的な資金調達の計画を立てることであろう。

　第3のステップは，国際的・国家的・地域的なレベルでメディア・リテラシーを推進することだ。メディアの仕事がどのようなものかわかっている人々は，パブリック・アクセス・テレビの重要性をより理解できる。メディア・リテラシーは，学校だけでなくNPOやワークショップを通して奨励される必要がある。これらのワークショップは，地域のパブリック・アクセス・センターによって財政支援を受け，パブリック・アクセス・チャンネルでケーブル放送することもできる。

　第4のステップは，各地のパブリック・アクセス・テレビセンターとそのサポーターがコミュニティ・メディア連盟（Alliance for Community Media）のメンバーになることである。この専門的な組織は，パブリック・アクセス・テレビセンターやスタッフ，役員や活動家を決めたり，能力や実行力を維持するために必要な情報やサポートを提供し，国家レベルでの規制改革のための主張を中央に届けている。

　第5のステップは，パブリック・アクセス・テレビセンターが資金提供者と良好な関係を作り，保ち続けることである。特に，地域のケーブル会社と協力することは，彼らのコミュニティと経済にとって，パブリック・アクセス・テレビが重要で価値があることを，ケーブルテレビ産業全体に理解してもらうことにつながる。

　第6のステップは，動画配信サービスを提供する多くの企業に，現在ケーブル会社に適用されているルールと規制を同じく適用するよう要求するために，パブリック・アクセス・テレビの賛同者や支援者が，国家的・地域的なレベルで働きかけていくことであろう。いくつかの地方自治体では，すでに動画配信

企業に対して，既存のパブリック・アクセス・テレビのルールと規制に従うように要求する法令を出している。そして，1996年通信法（1996 Telecommunications Act）の一節をもって，議会は現在のパブリック・アクセス・テレビの規制を動画配信サービス企業まで拡大した。しかしながら，どれだけこの規制が必要であるかを見極めるのはまだ早すぎる。もし理解されたとしても，施行されるかどうかはわからない。これらの6つのステップが，21世紀に向けて電子演説台の継続を保証するために強調されるべき必要な要素である。6つの領域を説明したモデルを図1に示す。

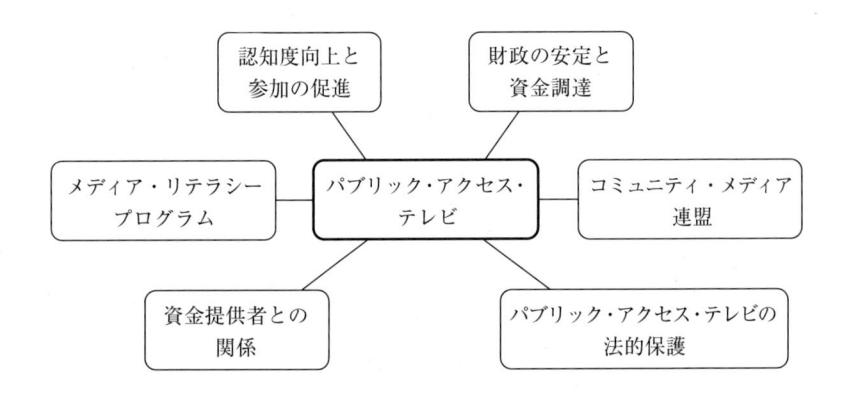

図1：パブリック・アクセス・テレビの未来に影響を与える要素

動画配信や衛星放送，無線ケーブルサービスへと発展している高速通信の時代において[24]，パブリック・アクセス・テレビは，言うまでもなく守られ，保証されなければならない。本書は，上記の関係領域に言及することによってパブリック・アクセス・テレビの将来について述べることを目的としている。第1章から第3章は，パブリック・アクセス・テレビの歴史，法規，現状をレビューすることによって背景について説明する。第4章は，現在のパブリック・アクセス・テレビの資金のメカニズムを説明する。さらに，資金提供者や資金力の向上の方法に関するアンケート調査についてパブリック・アクセス・

テレビセンターからの回答と考察を示す。最後の章では，パブリック・アクセス・テレビの歴史，法規，現状の視点からアンケート結果について解釈し，21世紀に向けて電子演説台を確かなものにするための提言を行う。ジョージ・ガーブナー（George Gerbner）が言うように，「文化の語られ方を制する者は，文化そのものを制する（Those who control the stories of culture, control the culture.）」のである[25]。

注　　NOTES

1) Ben H. Bagdikian, *The Media Monopoly*. 5th ed. (Boston : Beacon, 1992), ix, xiii.
2) See, e.g., Pat Aufderheide, "150 Channels and Nothin' On,," *The Progressive* 56 (1992) : 36 ; Bagdikian, xxvii-xxx, 45 ; J. P. Coustel, "New Rules for Cable Television in the USA : Reducing the Market Power of Cable Operators," *Telecommunications Policy* (April 1993) : 205 ; Peter Dahlgren, *Television and the Public Sphere : Citizenship, Democracy and the Media*. (London : Sage Publication, 1995), 1-2 ; Ralph Engelman, *Public Radio and Television in America : A Political History* (Thousand Oaks, CA : Sage Publications, 1996), 287-89 ; Douglas Kellner, *Television and the Crisis of Democracy* (Boulder, CO : Westview, 1990), 80-81 ; and Rick Szykowy, "The Threat of Public Access : An Interview with Chris Hill and Brian Springer," *The Humanist* 54 (1994) : 15-16.
3) See, e.g., Bagdikian, 8 ; Dahlgren, 148 ; Kellner, 78-79 ; Michael Morgan, "Television and Democracy" in *Cultural Politics in Contemporary America*, ed. Ian Angus and Sut Jhally (New York : Routledge, 1989), 252-53.
4) See, e.g., Nicholas Graham, "The Media and the Public Sphere," Intermedia (January 1986) : 28 ; Kellner, 9 ; James Lull, *Media Communication, Culture* (New York : Colombia University, 1995), 36 ; Morgan, 246 ; Szkoweny, 15.
5) *Denver Area Education Telecommunications Consortium v. FCC*, 116 S. Ct. 2374 (1996) No. 95-124, 132.
6) *Red Lion Broadcasting, Inc. v. FCC*, 395 US 367 (1969). 1949年にFCCによって初めて表明されたフェアネス・ドクトリンは，コミュニティの中で市民が興味をもっている問題について異なる立場から議論するために，放送局が放送時間のある部分を費やすように命令した。それは1959年に，1934年にできた米国通信法315項に加えられ，1967年に個人攻撃に関するルール（personal attack rule）と政治評論に関するガイドラインが加わった。フェアネス・ドクトリンは1985年にFCCによって廃止された。

7) See, e.g., Bagdikian, 4 ; Kellner, 94.
8) Kellner, 95.
9) Bert Briller, "Accent on Access Television," *Television Quarterly* 28, no. 2 (Spring 1996) : 54.
10) Deborah George, "The Cable Communications Policy Act of 1984 and Content Regulation of Cable Television," *New England Law Review* 20, no. 4 (1984-85) : 779-804 ; and Ralph Engelman, "The Origins of Public Access Cable Television 1966-1972 :" *Journalism Monographs* 23 (October 1990) : I.
11) *Ibid*.
12) Michael I. Meyerson, "Cable Television's New Legal Universe : Early Judicial Response to the Cable Act," *Cardozo Arts and Entertainment Law Journal* 6 (1987) : 1-36.
13) George, 783.
14) John Journal Copelan, Jr. and A. Quinn Jones, III, "Cable Television, Public Access and Local Governments," *Entertainment and Sports Law Journal* 1 (1984) : 37-51.
15) Joyce Miller, "The Development of Community Television," *Community Television Review* 9 (1986) : 12.
16) H.R. Rep. No. 934, 98th Cong., 2nd Sess. 55, reprinted in *1984 U.S. Code Congressional and Administration News*, 4655.
17) Jesikah Maria Ross and J. Aaron Spitzer, "Public Access Television : The Message, the Medium, and the movement," *Art Papers* 18, no. 3 (May/June 1994) : 3, 43.
18) Greg Boozell, "What's Wrong with Public Access Television?" *Art Papers* 17, no. 4 (July/August 1993) : 7.
19) David Ehrenfest Steinglass, "Extending Pruneyard : Citizens' Right to Demand Public Access Cable Channels," *New York University Law Review* 71 (October 1996) : 1160.
20) Pamela Doty, "Public Access Cable Television : Who Cares?" *Journal of Communication* 25, (1975) : 33-41.
21) Briller, 51.
22) 衛星放送サービス (DBS) は，個々の加入者の自宅に向けた，衛星によるテレビ信号を介したチャンネルの配信である。加入者は，小さい受信アンテナを購入し，月額料金を支払わなければならない。主要な2つのDBSプロバイダは，70を超えるビデオチャンネル（ケーブルによって供給されているチャンネルのすべてというと言い過ぎだが，そのほとんどを含む）と14から32の音声チャンネルを提供している。しかし，加入者はアンテナか地域の放送を受信するための基礎的なケーブルサービスを持っていなければならない。
23) 多くのパブリック・アクセスの設備はその設備の会員になるプロデューサーにとって必要である。普通年間10から50ドルのスライド制をとる会費制度

は，プロデューサーをして，設備や機材を大事にさせ，放送局に関与していると自覚を向上させている。会員は無料で番組制作講習会を受講でき，月刊のニュースレターを購読でき，もし運営委員会があるならば代表の一員にもなることができる。

24) ワイヤレスケーブル MMDS（Multichannel Multipoint Distribution Service）は，技術的に知られている通り，マイクロ波信号を介し通常のケーブルのように加入者にチャンネルを提供する。

25) Quoted in Laurel M. Church, "Community Access Television : What We Don't Know and Why We Don't Know It," *Journal of Film and Video* 39 (Summer 1987) : 13.

第 1 章

パブリック・アクセス・テレビの歴史

パブリック・アクセス・テレビは，様々な形態をとって25年以上にわたり存在してきた。たいていの情報伝達手段の技術革新の場合と同様，パブリック・アクセス・テレビも単に1つの場所や出来事から生じたわけではない。しかし，最初のパブリック・アクセス・テレビのルーツは，2つの主要な起源にさかのぼることができる。その2つはどちらも1960年代半ばに起こった。1つは，1967年のアメリカ議会による公共放送法に関する記述であり，もう1つは，カナダ国立映画制作庁（the National Film Board）のサービス組織である「チャレンジ・フォー・チェンジ（Challenge for Change）」の発足である。これら2つの出来事が，パブリック・アクセスが芽を出すための法律上，哲学上の土台を生み出したのである。

公共放送のルーツ

アメリカのパブリック・アクセス・テレビにとって哲学上，法律上の土台は，1967年の公共放送法（Public Broadcasting Act）の記述とその精神に組み込まれた。この立法によって公共放送協会（Corporation for Public Broadcasting：以下CPB）が設立された。CPBはワシントンD.C.に拠点を置き，議会から資金提供を受けて設立された。CPBの初期の業務の1つは，この新しく作られた法人の番組制作部門である全米ネットの公共放送サービス（Public Broadcasting Service：以下PBS）を設けることであった。CPBは主に資金調達をする機関であり，PBSは番組制作と技能習得を促進する部門である。

　CPBの設立から2年後，PBSは番組放送を開始した。初期のPBSの作品の例を挙げれば，「ザ・グレイト・アメリカン・ドリーム・マシン（The Great American Dream Machine）」や「因襲打破の広報雑誌（iconoclastic public affairs magazine）」，そして「51番目の州（The 51st state）」があり，これらはニューヨークの政治や文化をカバーしていた。（今日のパブリック・アクセス・テレビがそうであるように）初期のPBSの作品は革新的で時に論争を巻き起こしたが，それらは

第1章　パブリック・アクセス・テレビの歴史

1967年の法律施行前に制作された番組であり，"時代を先取りしていた"進歩的なものと言えるだろう[1]。

　CPB以前の，進歩的な番組制作部門の一例は，1966年から1967年の間に作られた公共放送研究所（Public Broadcasting Laboratory：以下PBL）であった。エリック・バーナウ（Eric Barnouw）は，著書『イメージの帝国；1953年以降のアメリカにおける放送史（The Image Empire: A History of Broadcasting in the United States Since 1953)』の中で次のように述べている。「PBLは市民の声を代弁する機関としての機能を心がけており，小規模劇場やキャバレー，アンダーグラウンド映画といった映画作品にも手を伸ばし，必然的にそれは憤るサブカルチャーを反映した。メッセージの要旨は，反戦，反人種差別，反体制であった」[2]。幅広い階層の人々へ訴える必要性の高まりや，政府との財政上の提携のため，後のPBSの制作番組は，破天荒なものが少なくなった。

　1970年，国中の100以上の公共放送局がネットワーク化された。1972年には，この数は233まで伸びた。この拡大した全米ネットワークは，PBSに非営利の番組でありながら幅広い視聴者を獲得できる可能性を与えた。しかしPBSはこの新しく得た力を発揮することをためらっていた。PBSのプロデューサーは挑戦的で物議を醸すような番組を作りたいという願望を持っていたが，その一方で政府による直接の資金提供を受けているという現状があり，その2つの板ばさみになっていたからである。当時の大統領，リチャード・ニクソンは，メディアに対して深い不信感と憤りを心に抱いていた。彼の時代の副大統領であるスピロー・アグノやトップ・スピーチライターのウィリアム・サファイアーも同様であった。彼らのメディアに対する記憶に残る表現，例えば，「反抗するおしゃべりな成金（nattering nabobs of negativism）」[3] は，この対立関係を象徴している。PBSが，銀行業界の退行的で差別的な慣習を世にさらしたドキュメンタリー作品「銀行と貧乏人たち（Banks and the Poor)」などの番組を放送したとき，連邦議会における政府やそのほかの関係者の反応は，明らかに否定的であった[4]。

　パブリック・テレビ（公共放送）は，1970年代初期に，結局のところ資金源

であったホワイトハウスや議会の強い圧力の下，より保守的で論争を巻き起こすことが少ない番組を提供するようになった。しかしそれはまだ商業的な大手ネットワークテレビ局の番組内容とは異なっていた。1969年11月放送開始の「セサミ・ストリート（Sesame Street）」や1974年3月放送開始の「ノバ（Nova）」などの注目を浴びるような番組が放送され続けている。このことは，総合的な質の高さと同時に，過激なテーマが相対的に少なかったことと大きな関係があるだろう[5]。CPB（つまりは政府）によるPBSの統括は，PBS制作の番組がより主流で中道を行くものになることを保証する効果があった。PBSは常に，資金援助が削減されるのではないか，あるいは財源が完全に失われるのではないかという目に見えない恐怖と隣り合わせであった。

　1972年にニクソン政権は，この恐怖を現実のものとした。というのも，CPBやPBSを支援するための資金提供を認めた両院で可決済みの法案に，拒否権を行使したのだ。それ以降の資金提供があるかどうかは，CPBとPBSの再編成にかかっていた。このため，CPBは自らの役割に対する考え方を大幅に変えざるを得ず，多くの人がPBSの黄金時代だと考えていた時代にピリオドが打たれた。CPBはますます民間企業に財政支援の協力を求めざるを得なくなった。資金調達を認める民間企業への依存度が高まったため，プロデューサーや担当者たちはひどく影響を受けた。そして，番組はより保守的で挑戦的ではないものとなった[6]。

　こういったパブリック・テレビ史の初期に，いくつかの放送局は試験的に地方色豊かな番組を作った。ボストンにある「WGBHファウンデイション（WGBH Foundation）」が製作した通常放送枠30分の番組である「キャッチ44（Catch 44）」は，地方の団体に，費用負担なしでテレビで発言する機会を与えることを可能にした。そのほかの公共放送局もまた，市民に放送時間を開放し始めた。この種の番組は，フィラデルフィアでは「テイク12（Take 12）」，デトロイトでは，「あなたの番（Your Turn）」，そしてサンフランシスコでは，「オープン・スタジオ（Open Studio）」というタイトルをつけられていた。しかし，こういった初期の努力は実験の域を脱しえなかった。1970年代半ばまでに，こ

ういった先端的な番組は放送終了していった。こういった番組はアメリカでのコミュニティ・テレビジョンのさきがけだが，実際にパブリック・アクセス・テレビが始まったのはカナダにおいてである[7]。

カナダでの発展過程

　コミュニティ・テレビジョンについて，より確実で集中的な活動は，1966年にカナダ国立映画制作庁によって開始された。チャレンジ・フォー・チェンジ（フランス語では Societe Nouvelle）は，フィルム（後にビデオ）を使って根本的な社会変革を引き起こし，貧困の原因を根絶するのを促進するために作られたサービス組織であった。1968年から1970年までチャレンジ・フォー・チェンジで客員幹部ディレクターを務めたジョージ・ストーニー（George Stoney）は，そのプログラムを次のように表現した。「政府プログラム（例えば政府機関や社会的サービス）の担当であった人々とそのプログラムやサービスの受け手であった人々との社会契約である。受け手側が政府が当時していたことに対してどう思っているか，またどうして欲しいのかを汲み取るように設置されたものであった」[8]。

　チャレンジ・フォー・チェンジは，ジョン・グリアーソン（John Grierson：代表作は『ドリフターズ Drifters』［1929年］，『住宅問題 Housing Problems』［1936年］）の社会的な記録（ドキュメンタリー）の形式に基礎を置いていた。この形式は，人々についてではなく，人々とともにフィルムを作るということに基づいていた。チャレンジ・フォー・チェンジはこの考えをさらに発展させ，実際のフィルムの制作に被写体をも関わらせていった[9]。

　チャレンジ・フォー・チェンジの初期の成功の1つには，フォーゴ島（Fogo Island）プロジェクトがあった。フォーゴ島は，カナダの北西海岸から少し離れたところに位置している小さなコミュニティで，その当時，島民が生計を立てる手段は漁業であった。地域の産業は停滞しており，住民の半数以上が社会福祉手当によって生活していたので，政府はコミュニティ全体の5,000人の住

民を移住させることを考えていた。1つのコミュニティとしてのフォーゴ島は包囲され分断されていたが，チャレンジ・フォー・チェンジはここでフィルムを社会的触発物として使うチャンスを見出したのだ[10]。

　フォーゴ島民は政府によって移住を強いられたくないと考えていたが，そのメッセージを政府の主導者に届けることができなかった。その主な要因は，島内のいくつかの集団が本質的にかなり異なっていたことである。彼らは政府の役人と話すことができなかっただけではなく，島民が互いに意思疎通を図ることも困難だったのだ。チャレンジ・フォー・チェンジは，自分たちがファシリテーター（促進役）となることを自分たちのミッションと見なし，さらに，島民と政府，島民同士をつなぐメディアになるのがフィルムだと考えたのである。

　カナダ国立映画制作庁の上級プロデューサーであるコリン・ロー（Colin Low）が指揮したフォーゴ島のチャレンジ・フォー・チェンジのクルーは，機材をフォーゴ島へ持って行き，島民に彼ら自身のことや彼らの生活，そして彼らの島のことについて話すよう説得した。彼らはまた，島民に機材の操作方法を教えた。

　当初撮影チームは，伝統的で社会的なドキュメンタリーを作るつもりであった。しかし，単に1つのインタビューや出来事に基づいてのショートフィルムを作ったときのほうが，島民の反応が良いことに気付いた。これらのショートフィルムは，全部で28個あるのだが，編集やほかの映像やナレーションを織り交ぜることなく原形を保っていた。（これらのテープは）現実が塊になって繋がっているものと見なされた。6時間の映像の中で，『漁師たちの会合（Fisherman's meeting）』や『クリス・コブの歌（The songs of Chris Cobb）』，『フォーゴ島の子供たち（The Children of Fogo island）』，そして『ビリー・クレインが出てった（Billy Crane Moves Away）』といった作品は，フォーゴ島の人々や問題のありのままの姿を提示した[11]。

　島内の様々な場所でグループごとにフィルムの上映会を行うことで，そのフ

ィルムは島内のいくつかの相異なる集団間でコミュニティを形成したり会話を促進したりするために使われた。また同時に，彼らが自らの問題を政府の役人に表明することを助けた。最終的に，島民を移住させるという政府の計画は撤回された。

　1968年，チャレンジ・フォー・チェンジの仕事のやり方を変え，パブリック・アクセス・テレビというものを表舞台に登場させることにつながる科学技術の飛躍的進歩があった。携帯用ビデオカメラ『ポータパック（portapack）』がSONYから売り出されたのである。その『ポータパック』は，重量はたったの20ポンド（約9kg）で，専門的な訓練を受けたディレクターやカメラマン，そして録音技術者を必要としなかった。ほかに2つの長所があった。そのビデオテープはすぐに見直すことが可能だった（フィルムは現像するために業者に一度送らなければならなかった）ことと，制作費を大幅に削減した（現像にかかる費用に加え，サウンド・シンクロナイゼイションのような大きな労働力を要する仕事が削除された）[12]ことである。

　このビデオテープの利便性と柔軟性は，もう1つの科学技術の進歩と同時並行で進展することになる。それは，ケーブルテレビの急速な普及である。カナダ中の都市はケーブル・テレビジョンで繋がり，番組制作の機会が増え，地方色豊かな番組を放送するのに適していた。チャレンジ・フォー・チェンジのメンバーたちは，ケーブルテレビによってもたらされるチャンネル数の増大という過程の中で，彼らの仕事の新しい広がりを展望し始めていた。

　1970年，オンタリオ州のサンダー・ベイで，パブリック・アクセス・テレビのプロトタイプが作られた。ある市民組織が，地域コミュニティのためにケーブルテレビの1つのチャンネルを運営する計画を打ち出したのだ。その市民組織は，機材の供給と，コミュニティのメンバーに対する機材の使用方法の指導をチャレンジ・フォー・チェンジに依頼した。その団体は最終的にそのコミュニティで制作した番組を1日に4時間放送した。番組は，録画のみならず生でも制作され，ハーフインチ・ビデオを使うという重要な枠組みが確立した（ハーフインチ・ビデオは全国規模での電波放送には画質的に不向きだと考えられてい

たが，ケーブルテレビでの放送では許容範囲であると見なされた）。前述の番組は1年と続かなかったが，パブリック・アクセス・テレビの可能性を示した。ほかのパブリック・アクセス・テレビ放送もまた，チャレンジ・フォー・チェンジの援助を受けた。

　1971年，カナダラジオ・テレビ放送委員会（the Canadian Radio and Television Commission）は，市民の意見を聴取した後，ケーブルテレビにおける政策提言を行い，パブリック・アクセスをカナダにおけるケーブルテレビ発展のための重要な役割に据えるよう要求した[13]。その間に，ジョージ・ストーニーは，ニューヨークへ引っ越し，パブリック・アクセスの種を全米へ撒き散らした。

オルタナティブ・メディアセンター

　今やパブリック・アクセスの父として広く知られているストーニーは，1971年にアメリカに帰って来るやいなや，カナダのドキュメンタリー・フィルムメーカーであるレッド・バーンズ（Red Burns）に加わり，ニューヨーク大学にオルタナティブ・メディアセンター（the Alternate Media Center）を設立した。このセンターの目標は，「新しいコミュニケーション・テクノロジーが公益を図ることを確かにする」[14]ことであった。グリーンウィッチ村（Greenwich Village）のベッカー通りにある映画館の上のこのセンターは，アメリカでのパブリック・アクセス・テレビのネットワークの拠点となった。センターの活動は政策を考案することや，情報交換の場としての活動，そしてケーブルテレビで流すパブリック・アクセス番組の制作そのものであった[15]。

　オルタナティブ・メディアセンターの初期の作品の1つは，即興で作られた型破りな作品だった。ストーニーは，1984年の『アフターイメージ（Afterimage）』という作品についてのマリタ・スターケン（Marita Sturken）とのインタビューの中で次のように述べているように。「私たちは，人々が今までとは違う形のテレビに反応するかどうか検証したかったのだ。そのためスタッフに慣習的な番組を模倣させようとはしなかった。私たちはただビデオクルーをワ

第1章 パブリック・アクセス・テレビの歴史

シントン・ハイツ（Washington Heights）に行かせ，そして『やあ！　何か面白いことない？』と聞いて道行く人の反応を記録したのだ。それはそれはとても，のんびりしたものだった。私たちは，コミュニティの反応を聞くと同時に，その編集していないテープを直接ケーブルテレビで流したのだ」[16]。1970年代初期，ニューヨークではケーブルテレビのサービスを受けている人はほとんどいなかった。そこで，ストーニーとバーンズは人のいない店先や，コミュニティセンター，アパートのロビー，そしてさらにストーニーのステーションワゴンの荷台を使って鑑賞会を開き，人々に番組を見せていた。

　ほかの作品では，黒人とヒスパニックが路上で喧嘩をしたというニュース記事がニューヨークタイムズに掲載された後，センターのスタッフの1人がカメラを現場へ持って行き，その通りで何が起こったのか人々に尋ねた。ストーニーはそのビデオを次のように描写した。

　　1人の男が自分の知っていることについて話し始め，周りに人々が集まって来る。
　　人々が次から次へとマイクを手に取る。そして，かなり気の狂った男が話をでっち上げ始めるが，そこにいたほかの人々は皆，それを訂正する。最終的に，近くのカトリックの学校から来た若い男が，そこで本当に起こったことを彼らに伝える。テープが一通り終わったとき，人々は，その前の晩に本当に起こったことの情報を得たという感覚ではなく，その近隣の人々の生き生きとした力強さを感じ取ったという感情を抱く。そして，そのような近隣の人々との繋がりは保つべきだということを悟る。テープは編集をしない状態で30分×2本回し続け，これを1週間毎日繰り返し放送していたと思う。私たちはその後，多くの人がそれを2，3回見ていたということを知った[17]。

　そのほかのオルタナティブ・メディアセンターの努力としては，アメリカの4つの地域でパブリック・アクセス・テレビを組織するというものがあった。

そしてインターンシップ・プログラムを実施し，全国地域ケーブル番組制作者連盟（National Federation of Local Cable Programmers：以下 NFLCP）の設立についてもサポートした。NFLCP は，ペンシルベニア州レディング市（Reading），フロリダ州オーランド市（Orlando），インディアナ州デカルプ郡（DeKalb），そしてカリフォルニア州ベーカーズフィールド（Bakersfield）で設立された。それぞれの場所で，ケーブルテレビ会社はその取り組みに資金提供をした。ケーブルテレビ会社の提供内容にはパブリック・アクセス・テレビセンターを設立し，3～6ヵ月間そのセンターを運営し，試験運用期間の終盤にはその地域の市民に引き継がせる指導をし，そしてニューヨークに NFLCP のスタッフが戻った後も，彼らを見守って助言することも含まれていた。

　インターンシップ・プログラムは，全米芸術基金からの助成金と複数の地方ケーブルテレビ会社からのマッチングファンドによって支えられた。初めに研修生はストーニーとバーンズとともにオルタナティブ・メディアセンターで1週間過ごし，その後彼らはパブリック・アクセス・テレビを設立するため地元のコミュニティへ戻る。その研修生はその年の中頃に1週間オルタナティブ・メディアセンターへ戻り，その後再び，次期研修生の指導を補佐するためにその年の終わりに戻ってくる。このようにして，オルタナティブ・メディアセンターは，全米の多くのコミュニティでパブリック・アクセス・テレビの普及を促進することを可能にしたのだ。

　こうして NFLCP は 1976 年，情報交換の場としての役割を果たしたり，国家レベルでパブリック・アクセス・テレビを推進したりするための組織として設立された。その背景には，全国の約 50 人の人々（その多くはストーニーとバーンズの元研修生）の助力と影響力があった。1978 年，ウィスコンシン州のマディソン郡（Madison）で開催される年次総会に 250 人の人々を集めることに成功した。そのたった6年後，オレゴン州のポートランド（Portland）で行われた全国規模の会議では出席者は 600 人に及んだ[18]。

その他の初期の番組制作の挑戦

　しかし，ストーニーがニューヨークへ戻ってくる以前や，オルタナティブ・メディアセンターが作られる以前にも，パブリック・アクセス・テレビの例外的なものは存在した。それが，Dale City Television（以下 DCTV）である。バージニア州デイルシティ（Dale City）におけるケーブルテレビサービスのフランチャイズは，株式会社「Cable TV」に認可されていた。そして 1968 年，この会社は，全米で初めてチャンネルを市民に開放した。パブリック・アクセス・チャンネルである DCTV は，Jaycees（青年会議所）によって管理・運営されており，2 台のカメラとワンインチ・ビデオテープ・レコーダーを使っていた。DCTV の実験は，1970 年初期に終了した。その主な理由は，資金が乏しかったことと機材が不十分だったことである[19]。

　それと同じ年にマンハッタンの行政区で，20 年間の非競合的なケーブルテレビの特権契約が 2 つの機関に与えられた。1 つは，スターリング・インフォメーション・サービス（Sterling Information Service）で，もう 1 つは，テレプロンプター・コーポレーション（Teleprompter Corporation：現在の Group W Cable）である。初め，そのフランチャイズ契約は（低価格で売られているケーブルテレビ放送枠の）リースのみに及んでいた。しかし，交渉の最後では，2 つのパブリック・アクセス・チャンネルを無料で利用可能な状態にするということで合意した。テレプロンプターはすぐに，無料で 1 台のカメラと編集デッキつきのスタジオとディレクターを供給することに合意した。スターリングもまた，パブリック・アクセス・テレビを供給することに，最終的には合意した。しかし，たいていはそのオフィスに持ち込まれた番組を定期的に流すというものだけであった。それと同時に行政放送のためのチャンネルも 2 つ設けられた[20]。

　ニューヨークでパブリック・アクセス・テレビが始まってから 1 年後，テレプロンプターは，ハーレムのある店の店先にビデオ・アクセスのスタジオを開いた。より多くの人々が制作された番組を鑑賞できるようにするため，再生装置を家庭や床屋，そしてオルタナティブ・メディアセンターに設置した。1971

年の終わりには、これら2つのパブリック・アクセス・チャンネルは、一日に5、6時間、ケーブルテレビで放送されるようになっていた[21]。

　パブリック・アクセス・テレビの配信手段が確保された時点で、2つの課題が残っていた。その1つは番組を制作し、世に送り出すことで、もう1つは、人々にその番組を見させることであった。1971～1972年にはケーブルを使用できる人はほとんどいなかったので、視聴者は限られていた。このため支持者たちは、まだケーブルテレビを利用できない数多くの人々のために公共の場に視聴機器を設置すると同時に、新しいパブリック・アクセス・テレビ番組を宣伝するための包括的マーケティングキャンペーンに取り組まなければならなかった。この目標を達成するための原動力は、通信学の専門家であり、教育者でもあるテオドーラ・スクローバ（Theodora Sklover）であった。当時、彼女が「私たちの最大の問題は、市民に『自分たちもテレビに出ることができるんだ』ということを伝えることにある。市民はテレビとは、何か他人がやっているもので自分たちがやっているものではないと考えがちだ」[22]と述べていたように、スクローバは、パブリック・アクセス・テレビの番組制作のために「オープン・チャンネル（Open Channel）」を確立した。彼女はすぐにこれまで以上の援助と資金が不可欠だと気付き、いくつかの財団法人から資金を集めることに成功した。結局彼女は、20人にも及ぶ人材を寄せ集めた。テレビや映画のプロデューサー、ディレクター、作家、カメラマン、そして音響や照明の技師たち。彼らは、コミュニティのためにパブリック・アクセス・テレビの番組制作を手伝うボランティアとなったのである。

　1970年代初期のマンハッタンにおいて、パブリック・アクセス・テレビの番組制作を手伝おうとしていた機関は、オープン・チャンネルとオルタナティブ・メディアセンターだけではない。パブリック・アクセス・テレビとは違う別のルーツは、1960年代後期と1970年代初期の過激な映像制作組織の中に見ることができる。レインダンス（Raindance）やビデオ・フリークス（Videofreex）、ピープルズ・コミュニケーション・ネットワーク（People's Communication Network）、ビデオ・フリー・アメリカ（Video Free America）、アント・ファーム

(Ant Farm)，グローバル・ビレッジ（Global Village），メーデー・コレクティブ（the May Day Collective），ピープルズ・ビデオ・シアター（People's video theatre）のような機関は，アングラ報道と新しい情報通信技術を融合しようとしていた。『ゲリラ・テレビジョン（guerrilla television）』と呼ばれるものの主要な支持者の1人であり，それと同じ名前の本を著書にもつマイケル・シャムバーグ（Michael Shamberg）はやがてパブリック・アクセス・テレビの支持者となり，パブリック・アクセス・チャンネルをケーブルテレビで放送することを促進するために活動した[23]。

パブリック・アクセス・テレビにおける FCC の役割

1972 年に，ストーニーとバーンズは連邦通信委員会（FCC）のメンバーであるニコラス・ジョンソン（Nicholas Johnson）に対し FCC が作成した「ケーブルテレビに関するレポートと注文書（Cable Television Report and Order)」の中に記載されている全米的なアクセス・チャンネルへの要求を出すよう働きかけた。この決定に先立ち，FCC 主催の聴聞会では，パブリック・アクセス・テレビは将来的なケーブル・テレビ受信契約者の間で最も人気のあるサービスとして挙げられていた。この報告書の中では少なくとも 4 つの重要な原則が認められていた。1 つ目は，FCC はケーブルテレビを規制する権利を有するということ。2 つ目は，自治体に，ケーブル会社と自由にフランチャイズ契約を結ぶことができる権利を与えるということ。3 つ目は，全米トップ 50 の市場に入る地方波放送局を保護すること。そのために地方のケーブル・テレビ会社に対し，区域内の地上波ローカル局の放送は全て流すように要求した（これはマスト・キャリー・ルールズと呼ばれる）。4 つ目は，この議論の中で最も重要な事柄で，3,500件以上の受信契約者をもつケーブル会社すべてに，3 つの非営利の「アクセス」チャンネルを確保しておくよう求めたことである。その 3 つとは，パブリック・チャンネル（無期限無料）と，教育チャンネル，そして行政チャンネル（少なくとも 5 年間は無料）である。パブリック・アクセス・テレビは，ある種の注

目を集め、その力強い成長のために助成が必要であった。そして、それはちょうど次の 10 年間で達成されることになる[24]。

CATV とともに成長を続けたパブリック・アクセス

　面白いことに、ほかにパブリック・アクセス・テレビを支持してくれたのは、ケーブルテレビ産業それ自体であった。この間、ケーブルテレビ産業が何百もの地方自治体にケーブルを敷いたとき、ネットワーク局（ABC や CBS などの全米放送）は脅威を感じ始めていた。したがって、ネットワーク局は、ケーブルテレビの経営者に対して強硬路線、つまり今日まで地域に禍根を残すような敵対的な態度をとった。このことが、今度は、ケーブルテレビ産業側の他域的縄張りを防御しようという態度の形成と促進につながっていったのだ。そしてケーブルテレビ産業は、パブリック・アクセス・テレビに飛びついた。ケーブルテレビは、市民が自らを広報宣伝できるメディアであり、そして、ネットワーク局よりも地域に密着した関心事を取り上げることができるサービスであるとアピールした。その重要な公共サービスを供給する能力をはっきりと示すため、ケーブルテレビ産業側はパブリック・アクセス・テレビに対し、「社会的責任をもつメディア」であるように促した。このパブリック・アクセス・テレビへの傾倒は、ケーブルテレビ産業が、ネットワーク局的カルテルとは異なって、公共的な精神に溢れていると評価されることにつながった[25]。

　パブリック・アクセス・テレビは、今やニューヨークや他の主要な都市で、FCC の安定した後押しを受け、実行可能で注目を集める事業を確立している。小さく使いやすいビデオ機材の登場に加え、この確固たる土台があったため、パブリック・アクセス・テレビに対する関心がますます高まり、それに関する活動が増加した。その他の要因には、全国地域ケーブル番組制作者連盟（National Federation of Local Cable Programmers：1992 年にコミュニティ・メディア連盟（Alliance for Community Media）と改名）の急成長もあった。NFLCP（現 ACM）は情報を提供し、コミュニティのプロデューサー（番組制作者）を補助し、会議

を開き，陳情運動の担い手としての役割を果たし，機関紙であるコミュニティ・メディア・レビュー（Community Media Review：以前はコミュニティ・テレビジョンレビュー（Community Television Review））を発刊した。連盟とその発行紙は，DTPや低出力ラジオ，そしてテレビや「情報ハイウェイ」を含めたコミュニティ・メディアへの関心の広がりを反映して，1992年に各々，コミュニティ・メディア連盟（Alliance for Community Media），コミュニティ・メディア・レビュー（Community Media Review）と改名された[26]。

　国中の数ある都市の中でとりわけ，ボストン，ピッツバーグ，フィラデルフィア，ロサンゼルス，シンシナティなどの自治体は，ケーブルテレビとの契約を取り決めた。また，小さい都市や郊外の都市は，より良い条件での契約や，よりよいサービスを受けるために合同で交渉してフランチャイズ権を保持した。一例を挙げると，オハイオ州デイトンの南の6都市は結集してマイアミ・バレー・ケーブル協議会（Miami Valley Cable Council）を設け，ケーブルテレビを管理してフランチャイズ費用を徴収し蓄積することで運営コストを支払い，市民のケーブルテレビへのアクセスをサポートすることを可能にした。しかし1970年代後期から1980年代初期までは，多くの中小規模の都市や街は，ケーブル会社を誘致できなかった[27]。

　こういった安定成長期には，痛手もあった。最も大きな脅威は最高裁判所からやってきた。1979年のFCC対Midwest Videoの訴訟では，最高裁は，「FCCはその権限を逸脱している」とし，FCCの公共（Public），教育（Educational）と行政（Governmental）のアクセス要求を無効とした。最高裁は，「かつては議会がその権限をもっていたのだ」と主張した。この裁定は，1984年のケーブルコミュニケーション法（Cable Communications Act）の一節が登場するまで一掃されなかったため，かなりの不透明感を作り出した。

　しかし，パブリック・アクセス・テレビの成長は，単純にケーブルテレビ産業の成長それ自体が買い手市場を作り出していたという単純な理由で保障されていた。ケーブルテレビ会社相互間の地方のフランチャイズを求めた競争は極めて激しいものだった。この機に便乗した先見の明のある地域コミュニティは，

幾人かのケーブルテレビの経営者へ対し，フランチャイズを与えることと引き換えに，パブリック・アクセスの施設を要求することができた。極端な例では，ダラスフォート・ワース（Dallas-Fort Worth）は，24 ものアクセス・チャンネルを手に入れることができたのだ[28]。

いくつかの地域では進歩は穏やかだった。ニューヨークのブルックリンにケーブルテレビのフランチャイズが与えられたのは 1983 年のことだったが，その区域は 1987 年までケーブルが敷設されていなかった。更なるお役所的な遅れは，市とケーブルテレビ会社間の交渉の難航へと発展し，1990 年終わりまでパブリック・アクセス・テレビが導入されなかった。やっとその年に，ブルックリン・パブリック・アクセス・コーポレーション（Brooklyn public access Corporation）が，4 つのパブリック・アクセス・チャンネルを管理するために設立された。現在は，番組は 3 チャンネルで放送されていて，4 番目にできたチャンネルは，持続的な掲示板放送を行っている[29]。

継続成長

1980 年代に入ると，全米至る所に根付いていった。マサチューセッツ州にあるサマービル・コミュニティテレビ（Somerville Community TV）や，バーモント州にあるゴッダード・コミュニティ・メディア・センター（Goddard's Community Media Center），ブラットルボロー・コミュニティ・テレビジョン・ネットワーク（Brattleboro Community Television Network），そしてテキサス州オースティンにあるオースティン・コミュニティ・アクセス・センター（Austin Community Access Center）等は，この期間に発展拡大した地方のアクセス・センターである。そして，パブリック・アクセス・テレビを利用する人々は，世界を以前とは違う角度から見始めたのだ。バーモント・テレビジョン・ネットワーク（Vermont Television Network）とチッテンデン・コミュニティ・テレビジョン（Chittenden Community Television），そしてバーモント州で最初で最大の広報業務のケーブルアクセスネットワークの設立者であり取りまとめ役でもあるロー

レン・グレン・ダビタン (Lauren-Grenn Davitan) が次のように説明している。

　パブリック・アクセスは，言論の自由以上のものである―それは地域活性化のための手段であり，地域を変えるための手段でもあった。今日では数多く見られるプロジェクトだが，最も初期のプロジェクトは，地域の緊急の問題について議論しサポートすることだった。ニューアークの混雑する交差点で一時停止の道路標識が無くなった問題，オハイオ州レディングの高齢者問題，ニューヨーク南西部にある中国人のテナントの権利問題などだった[30]。

　パブリック・アクセス・テレビは，全米のコミュニティで根付くようになっていた。小さな都市でも大きな都市でも，パブリック・アクセス・テレビ活動家の中でも革新的な人たちには機動力があり，パブリック・アクセス・テレビを舞台に活躍するようになった。パブリック・アクセス・テレビの番組の中で最良の，そして最も息の長い番組の１つが，1978年にテキサス州オースティンで放送され始めた『オルタナティブ・ビューズ (Alternative Views：他の視点)』である。『オルタナティブ・ビューズ』は，長いインタビュー形式のショーとして，全米メディアでは通常取り扱われない問題に焦点を当てていた。長い年月をかけて，ドキュメンタリーフィルムやスライドショー，生のビデオ映像を取り込みながら徐々に発展させていった。そのショーの中でインタビューを受けた人々は次のような人々であった。レイ・リース (Ray Reece) 氏は，法人監査やソーラーエネルギーがなぜ抑制されているかについて。ジョン・ストックウェル (John Stockwell) は，彼がどのような経緯でオースティンにあるテキサス大学でCIAにリクルートされたか，またなぜCIAは閉鎖されるべきだと考えたかについて。全米無神論者協会 (American Atheist) の設立者であるストークリー・カーマイケル (Stoklly Carmichael：現在の名はクワメ・テュレ (Kwame Ture)) とマダリン・マーレー・オヘア (Madalyn Murray O'Hair) は，黒人の力について。他にも，ノーベル賞受賞者のジョージ・ウォルド (George

Wald）氏，元米国司法長官のラムゼイ・クラーク（Ramsey Clark）氏，そして反核活動家であるヘレン・カルディコット（Helen Caldicott）さんなどがインタビューを受けた。ダグラス・ケルナー（Douglas Kellener）氏は，著書『テレビと民主主義の危機（Television and the Crisis of Democracy）』の中で次のように述べている。

　　フェミニストやゲイ，組合活動家，そして地方の革新派のグループの代表者が，私たちの番組にゲストとして登場した。また私たちは，ソ連やニカラグア，チリにおけるサルバドール・アジェンデ政権時代の役人，エルサルバドルの民主戦線のメンバー，そしてそのほかの第三世界の革命運動参加者などに徹底的にインタビューをした。さらに，レバノンの爆破テロ，サブラやシャティラでの大虐殺，ノースカロライナ州グリーンズボローでのクー・クラックス・クランによる5人の共産主義労働党組織者の暗殺，エルサルバドルの解放区での日常生活，ニカラグアでの反革命運動，に関する未編集のビデオ映像を受け取っていた[31]。

『オルタナティブ・ビューズ』は，パブリック・アクセスの目標を具現化したものだったため，往々にしてパブリック・アクセス・テレビ番組の模範とみなされる。そして，1996年までに『オルタナティブ・ビューズ』は全国のパブリック・アクセス・テレビで放送されるようになり，その数は何千もの単位に増えていった。その時期までには，稼動中のPEGシステムは4,000以上に上っていた[32]。

論争を巻き起こす番組

カメラや放送時間，そして制限がほとんどないことを考慮に入れると，パブリック・アクセス・テレビのプロデューサーが社会的に受け入れられるテレビ番組の限界に挑戦したくなるのも無理はない。1970,1980年代に，パブリッ

ク・アクセス・テレビで放送された論争を巻き起こすような番組が，いくつかのコミュニティに驚愕をもたらした。1974年，マサチューセッツ州ソマビルで，初めてケーブルテレビで放送された番組『ビデオ・ショーツ (Video Shorts)』は，ソマビル・メディア・アクション・プロジェクト (Somerville Media Action Project) によって制作されたのだが，犬が消火栓に放尿するひとコマや若い海兵隊員が自らの入隊式に備えて散髪してもらっているときにいかがわしい言葉を発しているカットを含んでいた。ニューヨーク市で何年も放送され続けたR指定のショー番組である，『ミッドナイト・ブルー (Midnight Blue)』や『アグリー・ジョージ (Ugly George)』は地域の視聴者を怒らせただけではなく，マンハッタンは悪の巣窟であるという印象を強めた。さらに北上し，ニューヨークのニューロチェルで，ニューヨーク州立大学の幾人かの生徒が制作した『アント・ケティー (Aunt Ketty)』と名の付いたショー番組の中では，服装倒錯者である女主人が電気スタンドでレイプされ，生々しい出産のシーンでは卓上スタンドを生んでいた。多くの視聴者はこのショー番組を面白くもないし好ましいものでもないと捉えた[33]。

　米国中で，地域のプロデューサーたちは，人気のないあるいは不快感を与えかねない番組に対して，地域がどれくらい許容してくれるのかを検証していた。シンシナティでは，ネオ・ナチ主義者のグループがパブリック・アクセス・テレビのコミュニティ掲示板を新しいメンバーを募集するメッセージを伝えるために利用した。この種の使い方は，地域のパブリック・アクセス・テレビへの支持を揺るがした。いくつかの例では，コミュニティは問題のある番組を放送禁止にしようと試みた。

　1989年，カンザス・シティーはクー・クラックス・クラン (Ku Klux Klan：以下KKK) が「レース・アンド・リーズン (Race and Reason：人種と理由)」を放送するのを防ぐために，パブリック・アクセス・チャンネルを閉鎖した。このショーは，元カリフォルニアKKKのメンバーであるグランド・ドラゴン・トム・メッツェガー (Grand Dragon Tom Metzger) によって制作され，1985年にアイダホのポカテロ (Pocatello) で初めて放送された。KKKは憲法修正第1条で

認められている表現の自由を無視しているということでカンザス・シティーを訴え，その裁判では，KKKに有利な判決が下された。カンザス・シティーは，そのパブリック・アクセス・チャンネルを元に戻し，その番組をケーブルテレビで放送することを認めなければならなかった[34]。

より最近の例では，ロサンゼルスの市長リチャード・リオダン（Richard Riordan）は，いくつかの番組が気に入らないという理由でパブリック・アクセスの組織に375,000ドルを支払うのを拒んだ。市議会は市長に対して，アクセス・チャンネルの番組の内容に干渉できないということをいくら説得したにもかかわらずである[35]。また，オレゴン州ポートランドでは，パブリック・アクセス・チャンネルが裸の男を映した番組を放送したことで地域メディアが騒いだ。この時，地元のパブリック・アクセスの支持者は，ポートランドの主要な新聞『オレゴニアン（Oregonian）』にパブリック・アクセスの重要性を伝える広告を載せた。その広告の結び文句は，『ケーブルアクセスは，ただ裸の男が出ているだけじゃないんだぞ（Cable Access: It's Not Just Naked Guy）』であった[36]。

カンザス・シティーでの反応は最も極端な例だが，1980年代には，いくつかの「人種差別者集団（hate groups）」がパブリック・アクセス・テレビを自分たちのメッセージを広く伝える手段として利用するというようなことがたびたび起こった。多くのコミュニティは，そうした攻撃的で論争を巻き起こすようなメッセージ（とあるコミュニティの掲示板のメッセージには『ナチスに加わり，そして北米先住民やユダヤ人，そして黒人勢力を潰せ。』というものがあった）の最初の衝撃の後，恐怖を鎮め敵意を最小限に抑える最もよい方法は，より建設的で社会的に認められる考え方を反映している他の番組を放送することだということに気付いた。名誉毀損防止組合（The Anti-Defarmation League）は，『クライム・オブ・ヘイト（Crimes of Hate：人種差別の罪）』というビデオを制作するため，ドキュメンタリストのマット・バー（Matt Barr）を雇用した。そしてそのテープを制作し，皆が利用できるようにディスカッションガイドをつけた。シンシナティ・ケーブル・アクセス・コーポレーション（Cincinnati Cable Access Corporation）の元ディレクターが提案し，そして，多くのパブリック・アクセ

スの支持者が賛同している言葉がある。「悪いスピーチへの答は,より多くのスピーチである」[37]。

パブリック・アクセス・テレビに対する規制

1980年代初期,ケーブルテレビ産業の全体としての役割とパブリック・アクセス・テレビの特定の役割を明確化するため,2つの力が結束し連邦議会に圧力をかけた。1つ目は,ケーブルテレビ産業は,低成長に直面していたので,連邦規制を和らげることを要求していた。2つ目は,連邦議会は次の問題を解決せねばならなくなったことである。その解決すべき問題とはケーブルテレビ経営者にはパブリック・アクセス・テレビを供給する義務があるのか,それとも,それはボランティアとして供給・運営されている状態を維持するのかという問題。これはケーブル会社とフランチャイズを与える自治体との間で取り交わさなければならない問題であった。それに応えて,連邦議会は1984年ケーブルコミュニケーション政策法（Cable Communication's Policy Act of 1984）を制定した。この法律は,切望されていた1934年コミュニケーション法（通信法：Communication Act of 1934）の修正を実現した。1984年のケーブル法の6つの目的の1つは,『ケーブルテレビ会社は,可能な限り多様な情報源とサービスを大衆に提供することと,それを促すことを保証すること』であった。この法律は地方自治体に,教育や行政に加えてパブリック・アクセス・テレビのためのチャンネルを供給することを要求する権限を与えることを明確化した[38]。1984年ケーブルコミュニケーション政策法や,1992年ケーブルテレビ使用者保護とコミュニケーション法（Cable Television Consumer Protection and Communication Act of 1992）（どちらも1934年コミュニケーション法の修正）は,交渉した契約の一部分として,フランチャイズを認める自治体にPEGシステムによるアクセスを要求することを認める記述を含んでいた。意義深いことに,その法規は,ケーブルテレビ経営者にパブリック・アクセス・テレビを供給するよう要求しなかったが,フランチャイズ主催者（たいていは地域の自治体）がフランチャイズ

契約の一部としてパブリック・アクセス・テレビを要求することを認めた。もし，フランチャイズ契約者がそれを要求しなかったら，ケーブルテレビ運営者はそれを供給する必要はない。この規定は，一般市民に効果的に負荷をかけた。もしかれらがパブリック・アクセス・テレビを必要としたら，組織化し，アクセスサービスを要求するフランチャイズ交渉期間に，地域の政府に働きかけなければならなかった。このため，パブリック・アクセス・テレビを要求する交渉自体は，より正当なものとなったが，実際は容易なことではなかった。フロリダ州オーランドには，1998年9月になってもまだパブリック・アクセス・テレビは存在しない。行政アクセステレビは存在するのだが……。オーランド地域のグループ「コミュニティ・メディア・連合（Community Media Associates）」はパブリック・アクセスを求めて働きかけているが，それはいまだ困難な戦いである[39]。

　ブッシュ大統領の拒否権の行使を乗り越え議会を通過した1992年の法律は，1984年のケーブルコミュニケーション法のPEGアクセスシステムに関する条項は残したまま，いくつかの条項を追加した。1つの規定は，PEGシステムのアクセス・チャンネルは，基本的なチャンネル（チャンネル2〜13）において運営するよう要求した。もう1つの規定は，ケーブルテレビ会社の経営者は，彼らのシステムで運営しているパブリック・アクセス・チャンネルで放送する番組の内容に責任をもたなければならないというものである。1984年のケーブル法によって，ケーブルテレビの経営者は，もしPEGシステムやリースアクセスを通して卑猥な言葉を放送してしまっても，州法から責任を免除されるようになった。1992年ケーブル法はこの免責規定を取り払った。ケーブルテレビの経営者は，今PEGシステムのアクセス・チャンネルで卑猥な言葉を表現した場合，その責任を持ち法的に罰せられる（連邦最高裁は最終的に法律のこの部分を覆した）[40]。

　1980年代と1990年代初期のいくつかの裁判では，パブリック・アクセス・テレビに異議を唱えられたが，どの裁判でもパブリック・アクセスの根本的な方針は是認された[41]（パブリック・アクセス・テレビの法規と判例についての詳細な

論評については第 2 章参照のこと)。

　1990 年代初期には,パブリック・アクセス・テレビは米国の多くのコミュニティで繁栄することになった。何かがぼやけていたとしても,ビジョンは不変であった。パブリック・アクセスという思想は,コミュニティの議論の場や社会変革,少数者保護というよりも,憲法修正第 1 条に関する問題であるとみなされるようになって来たのである。アンティオック・カレッジ (Antioch College) コミュニティ学科の教授であるロバート・H. デバイン (Robert H. Devine) は,次のように述べている。「パブリックアクセスと憲法修正第一条を関係付ける人は,個人の表現の自由にばかり焦点を当て議論するが,憲法修正第 1 条の他の重要な脈絡にはあまり注意を払わない。つまり,市民が公開の場で意見を言い議論することが,世論形成につながっていくという功利主義的な発想である」[42]。

　もちろん,どんな形式のパブリック・アクセス・テレビでも,FCC や連邦議会,そして裁判所のサポートがなかったら,これ以上存続しえないだろう。次の章では,過去 30 年にわたってパブリック・アクセス・テレビが形作られる過程で,その支えとなった法規や判例に焦点を当てる。

注　　　　　　　　　　　　　　　　　　　　　　NOTES

1) Douglas Kellner, *Television and the Crisis of Democracy* (Boulder, CO : Westview, 1990), 201-2 ; and Ralph Engelman, *Public Radio and Television in America : A Political History* (Thousand Oaks, CA : Sage Publications, 1996), 145-65.
2) Quoted in Engelman, *Public Radio and Television in America*, 154.
3) William Safire, written for a speech given by Vice President Spiro Agnew in San Diego, September 11, 1970, cited in William Safire, *Safire's Political Dictionary* (New York : Random House, 1978), 444-45.
4) Engelman, *Public Radio and Television in America*, 167-68.
5) Ralph Engelman, "The Origins of Public Access Cable Television 1966-1972," *Journalism Monographs* 123 (October 1990) : 4, 1 ; Eric Barnouw, *Tube of Plenty : The Evolution of American Television* (New York : Oxford University Press, 1977), 436 ; Alex McNeil, *Total Television : A Comprehensive Guide to Programming from 1948 to the Present* (New York : Penguin, 1984), 474.

6) Engelman, "The Origins of Public Access Cable Television," 4 ; and Engelman, *Public Radio and Television in America*, 169.
7) Engelman, *Public Radio and Television in America*, 166 ; Gilbert Gillespie, *Public Access Cable Television in the United States and Canada* (New York : Praeger, 1975), 10, 21 ; John D. Hollinrake, Jr., "Cable Television : Public Access and the First Amendment," *Communications and the Law* 9, no. 1 (February 1987) : 40.
8) Quoted in Marita Sturken, "An Interview with George Stoney," *Afterimage* (January 1984) : 7 ; Engelman, "The Origins of Public Access Cable Television," 6-7 ; Gillespie, 26-29.
9) Engelman, "The Origins of Public Access Cable Television," 12 ; A. William Bluem, *Documentary in American Television* (New York : Hastings House, 1979), 46 ; Gillespie, 32-33.
10) Engelman, *Public Radio and Television in America*, 226.
11) *Ibid.*
12) Sturken, 7 ; Engelman, "The Origins of Public Access Cable Television," 14-15 ; Gillespie, 34-35.
13) Engelman, "The Origins of Public Access Cable Television," 18.
14) *Ibid.*, 24.
15) Engelman, *Public Radio and Television in America*, 235.
16) Sturken, 9 からの引用
17) *Ibid.*, 9.
18) *Ibid.*, 10.
19) Linda K. Fuller, *Community Television in the United States : A Sourcebook on Public, Educational, and Governmental Access*, (Westport, CT : Greenwood Press, 1994) : 145.
20) Quoted in Engelman, "The Origins of Public Access Cable Television," 33.
21) Engelman, "The Origins of Public Access Cable Television," 20 ; Kirsten Beck, *Cultivating the Wasteland : Can Cable Put the Vision back in Television?* (New York : American Council for the Arts, 1983), 113-14. See also Nicholas Johnson and Gary G. Gerlach, "The Coming Fight for Public Access," *Yale Review of Law and Social Action* 2 (1972) : 220-22 ; Barry T. Janes, "History and Structure of Public Access Television," *Journal of Film and Video* 39 (Summer 1987) : 14 ; Engelman, *Public Radio and Television in America*, 39 ; Gillespie, 4-5 ; Lauren Glenn-Davitian, "Building the Empire : Access as Community Animation," *Journal of Film and Video* 39 (Summer 1987) : 35 ; and Ross Corson, "Cable's Missed Connection : A Revolution that Won't Be Televised ;' in *American Mass Media : Industries and Issues*, ed. Robert Atwan, et al., (New York : Random House, 1986), 381.
22) Gillespie, 48 ; Engelman, "The Origins of Public Access Cable Television,"

23) Janes, 15-16 ; Gillespie, 35-36 ; Engelman, "The Origins of Public Access Cable Television," 32-33 ; Sturken, 8. See also Monroe E. Price and John Wicklein, *Cable Television : A Guide for Citizen Action* (Philadelphia : Pilgrim Press, 1972), 67-69.
24) Janes, 17, and Davitian, 36.
25) Gillespie, 39-40 ; Engelman, "The Origins of Public Access Cable Television," 27.
26) Janes, 18 ; Jean Rice, "The Communications Pipeline," *Public Management* (June 1980) : 3. See also Sue Miller Buske, "Improving Local Community Access Programming," *Public Management* 62, no. 5 (June 1980) : 12 ; Thelma Vickroy, "Live from Norwalk : How One City Saved Community Programming," *Journal of Film and Video* 39 (Summer 1987) : 24.
27) Davitian, 36 ; Janes, 17-19 ; Sturken, 8-9 ; and Corson, 380.
28) Davitian, 36.
29) Esther Iverem, "Public Access Programs Scheduled for Brooklyn," *Newsday* (4 July 1990) : 29.
30) *Ibid.*
31) 「オルタナティブ・ビューズ」の設立者の1人であるケルナー（Kellner）はオースティンのテキサス大学の哲学科の教授で（当時），「Herbert Marcuse and the Crisis of Marxism, Jean Baudrillard, and Critical Theory, Marxism, and Modernity」の著者でもある。
32) Brett Briller, "Accent on Access Television," *Television Quarterly* 28, no. 2 (Spring 1996) : 51.
33) Janes, 14-23.
34) Mark D. Harmon, "Hate Groups and Cable Public Access," *Journal of Mass Media Ethics* 6, no. 3 (1991) : 149,153.
35) John M. Higgins, "L.A. Mayor Rejects Public Access Funding," *Broadcasting and Cable* 128, no. 36 (31 August 1998) : 47.
36) David Raths, "Building Community," *Business Journal* 13 (14 June 1996) : 12.
37) *Ibid.*, 149-50.
38) *Cable Communications Policy Act of 1984, U.S. Code*, vol. 47, sec. 531 (1984).
39) *Cable Communications Policy Act of 1984, U.S. Code*, vol. 47, sec. 611 (1984) ; Cable Television *Consumer Protection and Competition Act of 1992, U.S. Code*, vol. 47, sec. 531-59 (1992) ; and Paul Dillon, "Activist Urges County to Rethink Public-Access TV," *Orlando Business Journal* 15 (28 August-3 September 1998) : 3,62.
40) James N. Horwood, "Public, Educational, and Governmental Access on Cable Television : A Model to Assure Reasonable Access to the Information Superhighway for All People in Fulfillment of the First Amendment Guarantee of Free Speech," *Seton Hall Law Review* 25 (1995) : 1415 ; Nicholas P. Miller and Joseph Van Eaton, "A Review of Developments in Cases Defining the Scope of the

First Amendment Rights of Cable Television Operators," *Cable Television Law* 2 (1993) : 298.

41) *Preferred Communications v. City of Los Angeles*, 754 F.2d 1396 (9th Cir. 1985) ; *Berkshire Cablevision v. Burke*, 659 F.Supp. 580 (W.D. Pa. 1987) ; *Erie Telecommunications v. City of Erie*, 723 F.Supp. 1347 (W.D. Mo. 1989) ; and *Missouri Knights of the Ku Klux Klan v. City of Kansas City, Missouri*, 723 FSupp. 1347 (W.D. Mo. 1989). 42. Robert H. Devine, "Video, Access and Agency :' (Paper presented at the annual convention of the National Federation of Local Cable Programmers, Saint Paul, Minnesota, 17 July 1992), 1.

42) Robert H. Devine, "Video, Access and Agency." (Paper presented at the annual convention of the National Federation of Local Cable Programmers, Saint Paul, Minnesota, 17 July 1992), 1.

第 2 章

パブリック・アクセスの規定を理解する

ケーブルテレビにおけるパブリック・アクセスの規定の歴史は，一般的なケーブル規制の歴史を追うことなしには十分に批評できない。ケーブル規制には様々な階層が存在し，階層の上に階層が連なる。まず初めに，この章ではケーブル法の全般に焦点を当てる。そしてパブリック・アクセス・テレビが発展するにつれ表面化して来た法的問題について，規制と裁判記録から論じることとする。

FCC がケーブル・テレビジョンを規制する権利を主張する

　ケーブル規制が始まったのは 1965 年である。アメリカ連邦通信委員会（FCC）が「第1回レポートと注文書（First Report and Order）」を発行した。これは FCC がケーブルテレビ（CATV：当時はコミュニティ・アンテナ・テレビと呼ばれていた）を規制する権力を保持することを内容としたものである。その中で「私たちは最初の問題として次のことを認知した。1934 年のコミュニケーション法（Communications Act）は，適切な立法能力をもつ機関であるわれわれがすべての CATV システムにわたって規制する権利を有することを。またこの CATV システムにはマイクロウェーブ・リレー・サービス（いわゆる『off-the-air』システム）を使用していないものも含むことを」[1)]。これが，急速に発展したケーブルテレビ・ビジネスに対して，FCC がその支配権を主張した最初の出来事である。

　1968 年，アメリカ最高裁は，ある事例を取り扱った。その事例はケーブルテレビとは直接関係ないものの，政府が言論の自由を規制するという状況を描き出すものであった。その事例は，アメリカ合衆国対オブライエン（O'Brien）で，後に「オブライエン・テスト（O'Brien Test）」と呼ばれるようになる。その事例では，「[A] 政府の規制は十分に正当化される。それは以下の場合にあるときである。国家の憲法上合憲の範囲内にあるとき。重要で必要不可欠な政府

の利益を促進するとき。政府の利益が言論の自由を抑圧することがないとき。合衆国憲法修正第1条に付随する法で述べられている自由よりもその利益が不可欠であるとき」[2]。パブリック・アクセス・テレビが自由な公開討論の場になったため，オブライエン・テストはその後のパブリック・アクセス・テレビの法規立案にとって重要なものとなった。

　もう1つのFCCの支配に対する課題は，1968年の最高裁のアメリカ合衆国対サウスウエスタン・ケーブル社（Southwestern Cable Co.）の裁判で表出した。このときもまた最高裁は，FCCがケーブルテレビに対して支配権をもっていると判決を下したのだ。「われわれはこのため，『全国の……有線または無線の通信』に及ぶFCCの権力が，ケーブルテレビシステムの規制を可能にしていると判断した。……FCCはこのような目的のためならば，『法と矛盾しない限り，その時々でルールや規定を公布し，制限や条件を策定できる』[3]。ただしこれは，公共の利便性，利益，必要性に応じてである」。

　1年後，最高裁はケーブル・アクセス・テレビを扱うその後の裁判に影響を与えるであろう別の判断を下した。レッド・ライオン・ブロードキャスティング社（Red Lion Broadcasting Co.）対FCCで，裁判所は，

　　電波の周波数が少ないため，政府は許可証に拘束力をもつことを許可されている。そして，メディアを使って表現活動を行うのにふさわしい人々に優先的に，限りある許可証を渡すべきである。しかし，国民全体が言論の自由という利益を保有する。国民は電波や団体交渉権を使い，メディアが最終的には憲法修正第1条の目的に沿った形で機能することを求めることができる。これは視聴者の権利であり，放送者の権利ではない。これこそが重要なことである[4]。

と述べた。オブライエンに加えて，この裁判もまた，しばしばパブリック・アクセス・テレビに関して，その後の裁判でたびたび引用されることになる。しかし，この領域の法規制定は20年以上にわたってあまり動きがなかった。そ

れはケーブルテレビ自体があまり普及していなかったからである。しかしながら，1970年代から1980年代にかけてケーブルテレビ利用者が激増するにつれ，法的な主張の重要さは必然的に増してきた。

ケーブル・パブリック・アクセス・テレビの確保

　FCCは，1968年12月にルール設定に関する告示 (Notice of Proposed Rulemaking) と調査方法に関する告示（Notice of Inquiry）を発行したときに，パブリック・アクセス・テレビの優劣を試し始めた。告示（The Notice）は「この点で，CATVの潜在的な貢献は，テレビを通じた報道力をまったく持っていないコミュニティには表現手段を供給する手段として，また，表現手段を持つコミュニティでは多様性を高める手段として……奨励するのに十分な条件を提示した」[5]。この通知は，関係者一同からのコメントを要求していた。1970年6月のルール設定に関する告示のフォローアップの中で，委員会はこう主張した。

　　　ラジオとテレビの体制とその運営は，特に放送局の電波圏内の人々の"コミュニティ"意識に影響を及ぼす。最近，国の政策は地域への参加を市民に促す方向に向かっている。益々，必要とされる地域における表現活動のための運び手としての能力を，ケーブルテレビは持っている。コミュニティ意識を強め，そしてより多くのコミュニケーションを図るため，ケーブルシステムは特別のチャンネルを用意するべきである。それは，フランチャイズ契約圏内のコミュニティにおいて，必要とされたときには提供されてなくてはならない。また，各コミュニティは，ケーブル放送される作品を制作する能力があることを提示することも必要である[6]。

　FCC理事（当時）のニコラス・ジョンソン（Nicholas Johnson）氏はパブリック・アクセス・テレビを支持した同意声明の中で次のように述べている。

FCCはその決定に際し，人間的，社会的な意味と同様に，経済的，技術的，政治的な結果にも責任をもたなければならない。わが国のコミュニケーションシステムの構造と運用は（特にマスメディアについてだが），とりわけシステムによって利益を得る人々，そしてシステムを利用している人々の『コミュニティ』意識に影響を与える。

　社会の傾向に関して研究して論文を書く人々は，大都市の多くの住人には疎外感，寂しさ，空虚，絶望，そして敵意の感覚が増加していることを報告している。その多くがこれらの傾向は少なくともラジオやテレビによって悪化させられていると信じている。近所との間柄や小さい都市環境よりも，数百万単位の聴衆に向けられたFCC認可済みのラジオやテレビによってである。

　ケーブルシステムはこの状況を改善する潜在能力をもつ。無制限のチャンネル容量を使い，小さいコミュニティを対象にした番組が放送可能である。またコミュニティのメンバーによるオリジナルな創作活動が可能となる。しかし，いつでも誰にでも要求に応じてチャンネル容量を提供することができるシステムの導入なしでは不可能である……。こうした理由から，今日現在のわれわれが下せる最も重要な決定とは，以下の通りである。すべての新規システムは，特定の市町村単位でなくてはならないこと。双方向の切り替え能力を有すること。そしてコミュニティチャンネルとコミュニティセンターが，そのチャンネルで流す番組作りのために準備されているということ[7]。

　FCCは，何者にも支配されていない地域メディアを確立することによって，パブリック・アクセス・テレビは人々をより地域の中でお互いにつながっていると感じさせることができる，と言っているようなものだった。このニコラス・ジョンソン氏の声明は，以前のFCCのルールや規則と同様に，地域における表現活動や多様性に高い価値を置くものだった。

　1971年8月，FCCのケーブル・パブリック・テレビに関する規制の中で，

「通信法（the Communications Act）の基本的な目標は，ケーブルテレビの出現によって促進されうる。つまり，地域番組の出し口の開設，番組制作における多様性の促進，教育・教養番組の発展，および，地方自治体によるインフォメーション・サービスの増加によってである」[8]と述べている。FCCは，以下のチャンネルの設置を要求した。「1つは，無料で献身的で非商業的な，非差別を基本に成り立つパブリック・アクセス・チャンネル。1つは，教育的な目的のためのチャンネル。1つは，地方自治体の市民啓発のためのチャンネル」[9]。一方で，広告目的や抽選くじ，卑猥で下品な要素は，それらのチャンネルでは認められなかった。これらは暫定的なルールとされ，2つの目的のために作られた。すなわち，(1) 最大限の実験を許容するため，(2) 特に，この重要な初期において，またおそらく常に，1人の代表者がすべてのチャンネルをチェックし，どの番組が契約者のテレビで放送されるべきで，どれが放送されるべきでないかを決めるのを防ぐため，である[10]。委員会は続いて，「オープンアクセスには一定のリスクがあると認識している。しかし，そのいくつかのリスクは，公の問題における『抑制されていない，荒々しく，広く開かれた討論』を助長する民主政治には本来備わっているものだ」[11]とした。

　これらFCCによるパブリック・アクセス・テレビの要求には，1972年6月の最高裁判決によって異議申し立てが成された。アメリカ合衆国対ミッドウェスト・ビデオ社（Midwest Video Corp.）（ミッドウェスト・ビデオ1号：Midwest video I）では，最高裁はFCCがケーブルテレビを統制する権利を肯定した。判事の大多数は，「1966年の委員会によって決められ，サウスウエスタンの判例で全面的に支持された権力は，ただ単に委員会が対象を守るために放送を支配できる権限が与えられたわけではなく，そういった対象を活性化させるという目的でケーブルテレビを統制する権力が与えられたのである」[12]と判決を下した。そして判決はこう続けられた。「委員会は，有線事業を引き受ける義務がないところではそれを強制しようとはしていない。有線放送のルールに当てはまるCATVの管理者は，自発的にその有線事業を提供することに従事してきたし，委員会は彼らの理解の範囲内でコミュニティのニーズをかなえるよう保障して

いるだけだ。これらの理由から，番組制作の規制はサウスウエスタンの件で認識されている委員会の権威の範囲内であると結論付ける」[13]。

FCC はその年以降，「ケーブルテレビに関するレポートと注文書（Cable Television Report and Order）」の中で，パブリック・アクセス・テレビに関する公式な規約を発表した。

> 国家のコミュニケーション構造の基本的な目標が，ケーブルによって促進されるということは良いことだ——つまり，地域の声の新しい表現手段の開設，テレビ番組の多様性の促進，教育・教養番組の内容の充実，自治体の情報サービスが増加するからである……。
>
> 地域の声チャンネルへのニーズが高まっていて，今の段階はそれをかなえるためのものであると信じている。パブリック・アクセスのチャンネルは，マスメディア（テレビという媒体）を通して地域の対話に参加する実際的な機会を提供する。主要なテレビの市場にいるシステム経営者は，無料でチャンネルを市民に使用させなければならないが，制作費は（5分以内の生放送番組を除いて）使用者に請求することができる[14]。

その規制はまた，教育用と自治体用のチャンネルを要求した。パブリック・アクセス・チャンネルへの地方条例の適用は禁止され，チャンネルにアクセスする際は，差別されず先着順を基本とするものになった。広告や宝くじの情報，そして卑猥・下品な題材は禁止された[15]。

しかし別のアメリカ最高裁判決，マイアミ・ヘラルド出版社（Miami Herald Publishing Co.）vs. トルニロ（Tornillo）のケースは，パブリック・アクセス・テレビの支持者を大いに苦しめることになった。なぜなら，「アクセス禁止」というような判決に見えたからだ。この 1974 年のケースで裁判所は，新聞へのパブリック・アクセスを要求した行政府は，憲法修正第1条の「出版報道の自由」の保障（guarantee of free press）に違反していると裁定した。

69

たとえ，新聞が強制的なアクセス法に従うために費用が増えることもなく，ある一文を書いたからといってニュースや世論の公表を差し控えるように強制されたりすることはないとしても，フロリダの法律は編集者の機能を侵害しているため，修正第1条の壁をクリアできない。新聞は，ただ単にニュースの受動的な保存場所やルートであるだけではなく，コメントや広告の媒介物でもある。新聞に載せる記事の選択や，規模についての決定，新聞の内容，社会問題や役人についての記述は—公平であれ不公平であれ—編集や判断を経なければならない。この重大なプロセスへの政府の規制は，修正第1条の出版報道の自由の保障とどのように調和されうるかはまだ実証されていない[16]。

もしトルニロのケースが新聞と同様にケーブル会社にも適用されていたなら，パブリック・アクセスは認められていなかっただろう。しかしながら，裁判所（とFCC）は，地上波放送とケーブルを違うものとして扱ってきたし，プレス（PRESS：新聞出版報道）とも違うものだと考えてきた。

裁判所は，米国自由人権協会（American Civil Liberties Union）対FCCの裁判において，プレス，地上波放送とケーブルの違いを描き出し続けた。1975年の裁判において，第9巡回控訴裁判所は，FCCがケーブル経営者を一般的な通信業者として規制できるという判決を下した。控訴裁判所は憲法修正第1条の権利なしに，ケーブルと電話会社（情報の中継者）を対等であると見なしたのである[17]。しかしその年，パブリック・アクセス・テレビとは関係のない裁判において，合衆国最高裁は以下のように述べた。

　　政府がある者の意見を促進するために，私たちの社会のいくつかの要素の言論を制限できるという考え方は，憲法修正第1条とは完全に合致しないものである。同1条は「多様な反対意見を可能な限り最大限に広めることを保証するため」，そして「人々の望む政治的社会的変革を成し遂げるための自由な意見交換を保障するため」に制定されたのである。政府によ

る表現の自由の制限に対抗する憲法修正第1条の保護が，パブリック・ディスカッションに参加する個人の財政能力次第になるようにしてはいけない[18]。

　この，金持ちによる報道活動への出費を制限するために出された決定は，パブリック・アクセス支持者の間で懸念を生んだ。しかしながら，その後のいくつかの判決は，ケーブル経営者の発言に最小限の制限をかけることによりパブリック・アクセス・テレビを通しての表現を促進することで，この論理に対抗した。裁判所が，ケーブルを一般通信事業者または細々とした資本で活動するものとして扱いさえすれば，パブリック・アクセス・テレビは影響を受けないだろう。

最高裁判所がパブリック・アクセス・テレビの要求を無効にする

　同じ年，FCC は自身の 1972 年の public, education, and governmental（PEG）アクセスの規制を見直した。理事会は次のように発表した。

> 　私たちはこれらのコミュニケーション・チャンネルを保持していくことに確かな社会的利益があると信じている。概して，これらのチャンネルを使用することによる全体のインパクトは誇張されてきたという印象がある。しかし，私たちは，もしそれらが適切に利用されていたならば，新たな地域の意見の出口の創造，テレビ番組制作の多様化の促進，ケーブル視聴者への地域意識と映像メディアの開放と参加意識の修復，民主的組織の機能回復，ケーブルテレビ・コミュニティの情報的教育的資源の改良などを可能にすると確信している。
> 　一方，これらの公共的利益は，その必要経費と慎重に比較されなければならない……したがって，公共の利益の抽象的な概念は，そのコストや現実的な影響についても検討する必要がある[19]。

パブリック・アクセスの規定に加えられた修正は，市場の規模にかかわらず，3,500以上の契約者を抱えるシステムに適用され，また，コミュニティそのものよりもケーブル会社に適用された。修正されたルールは，需要と十分な許容能力がある場合にのみ，4つのアクセス・チャンネスの設置を義務付けた。

　理事会はまた，パブリック・アクセスを供給するにあたってケーブルへの支配権や，ケーブル業者が果たさなければならない義務についていくつかの心配があると述べた。ミッドウェスト1号（Midwest Video I）の裁判での最高裁の判決を引用しながら，理事会は「『（われわれが）放送に対して支配権をもつという目標を推進する』という意図の説明を繰り返した。最高裁によって課せられた目標には，地方の声の出口の増加，番組の多様性や一般市民が享受できるサービスの種類の増加が挙げられる。最高裁は，その機関の番組制作はこのような目標に沿うべきだという決定を是認した。チャンネルの許容能力とパブリック・アクセスへの要求がこれらの目標を推進するだろうということは明白である」[20]。

　1960年代から1970年代にかけての一貫した法的問題として，ケーブルシステムとは何かということについて明確な定義の欠如があった。「ケーブルテレビに関するレポートと注文書（Cable Television Report and Order）」を引用すると，FCCは：「ケーブルは通信における特異なものとして，認可と制限の両方を必要とする混合物である」[21]という中立的な立場を維持してきた。ケーブルを定義する作業は，その後の20年間にわたって，裁判所を困らせ続けた。

　パブリック・アクセス・テレビに少し関係する3つの判例が，その後の2年間に示された。そのどれもがFCCのケーブルに対する支配権を再容認する形となった。最初の2つは，全国公共事業調整協議会（National Association of Regulating Utility Commissioners）対FCC[22]（これは多様性とリースアクセスに関してのものだった），およびHBO社（Home Box Office, Inc.,）対FCC（これはオブライエン・テストが適用された初めてのFCCに関する判決）[23]だった。3つ目の裁判であるブルックヘブン・ケーブルテレビ社（Brookhaven Cable TV, Inc.,）対ケリー

(Kelly) は，その後のケースにおいて重要となるが，このとき控訴裁判所は連邦最高裁の判決を以下のように解釈した。「最高裁は，ケーブルの番組制作の目標を『地方の自己表現の出し口の増加と，市民が利用可能な番組の多様性やサービスの種類の増加によって達成する』ことであると認めた。さらに最高裁は，もしFCC自身がこの目標を促進するならば，FCCはケーブルテレビを制限してもよい」と付け加えている[24]。これら3つの裁判は，FCCのケーブルテレビへの制限に関する役割を認めたし，パブリック・アクセス・テレビの概念を認めているようにも思える。しかしながら結局，裁判所は同じ年，この立場を変えた。

FCCのパブリック・アクセス・テレビの規制を大目に見るどころか容認したようにさえ思われる複数の判決から出発したものの，1979年のFCC対ミッドウェスト・ビデオ社（これ以降ミッドウェスト・ビデオ2号：Midwest Video II とする）において，最高裁はPEGアクセスの既定を無効にした。重要なのは，この規定がケーブル業者に一般通信業者という地位を課しながら番組の編集権を奪っている，ということであった。1972年，アメリカ合衆国対ミッドウェスト社（ミッドウェスト・ビデオ1号）[25]のときの裁判官ダグラス（Douglas）の反対意見を元に行われた議論の末，法廷はこう結論付けた。

> 議会が一般（地上波）放送の領域へ（パブリック）アクセスの問題が接近することを躊躇していることを考慮に入れ，そして，一般通信業の原則においてはパブリック・アクセスの一般的な権利を完全に排除するという観点からすると，当裁判所は，FCCはアクセスの規定を公布するという権限の限界を超えてしまっていると判決せざるを得なかった。FCCは，一般の地上波放送局に対してアクセスを押しつけられないのと同じように，一般通信業者としてのケーブル会社にも規制できない。市民が発信する枠をケーブル・オペレーターに強いる権限は，厳密に言えば議会から出されなければならない[26]。

ミッドウェスト・ビデオ 2 号裁判での裁判官スティーブンス（Stevens）の反対意見は以前の裁判，つまり CBS（Columbia Broadcasting System, Inc.）対民主党全国委員会（Democratic National Committee）での議論で絞めくくっている。

　私たちは強調した。……「議会は時間をかけて，様々な法律上の試みを拒んだ。この試みとは，個人による多様なアクセスを正式に認める試みである」。しかし，私たちはこう結論付けた。「そういった提案を議会が拒むことは，どんな状況においても議会は私的なアクセスの権利に反対するという意味ではない。むしろ，重要なことは，議会はそういった問題をFCC に託し，状況の変化に合わせ，FCC は，新しいアイデアについて様々な実験を行う柔軟性を許可されたということである。」
　FCC はここで，ミッドウェスト・ビデオ 1 号裁判で認められた強制的な規制をここで問題となっているあまり煩わしくない地域のアクセス規定に盛り込む際に「実験できるだけの柔軟性」を活用した。これらの規制，例えば FCC が盛り込んだ強制的な規制のようなものは，「地域の声の出口の増加，番組やサービスの種類の選択の幅の拡大」を促進するのだという結論には，私は全く疑いの余地はない[27]。

　これは異議申し立て文であったが，裁判所は，FCC のパブリック・アクセスの規則をひっくり返すのに，この論理を使用した。この同じ論理は，結局，ケーブルシステムに PEG アクセスを提供するという要件を元通りにするために議会によって使用されるのであった。
　1980 年のケーブルシステムの公（の道路へのケーブル）敷設権の使用に関する訴訟で，パブリック・アクセス・テレビは，簡単に言及された。米国地方裁判所は，コミュニティ・コミュニケーション・カンパニー（Community Communications Company）対ボウルダー市（City of Boulder）の訴訟の中で次のような問いを投げかけた。「自治体がケーブル会社を受け入れるかどうかは，利益や報酬を求めていると考えられる自治体や機関やグループに対して無料のサー

ビスを提供するかどうか，ケーブル会社の意思次第であるというのは適切だろうか。単刀直入に言わせてもらうと，自治体はケーブル会社に特定の見返りを求めてよいのだろうか？」[28]。その裁判所は，その質問に答えは出さなかったが，将来答えを出さなければならないと書き留めている。ケーブルのフランチャイズを認める見返りとしてのPEGアクセス問題は再び生じて来るだろうし，将来，法律上の問題になるであろう。

パブリック・アクセス・テレビ上の卑猥な内容や下品な内容

　また，初期の段階から頭を悩ませている問題の1つに，パブリック・アクセス・チャンネルの卑猥さや下品さの問題があった。それはどうやってコントロールされるのか？　誰に責任があったのか？　ユタ州コミュニティ・テレビジョン（Community Television of Utah）対ロイ市（Roy City）の裁判で，連邦地裁は以下のように判断した。

　　私は何度も何度も強調する。公衆が黙って許容しているということは，公衆が賛同しているということと同じとは限らない。……もし雑誌を購読するとき，私は表紙を開く必要はない。（表紙に書かれた）たくさんある記事の中から選び取ってよいのだ。もしその記事を不快に感じたら，私はその雑誌の購読をやめてもよい。それと同じことがケーブル・テレビジョンのサービスについても言える。私は（ケーブルに）つなげる必要はない。チャンネルを合わせる必要もない。私はたくさんある番組の中から選び取ることができ，契約をキャンセルすることもできるのだ。
　　Miller裁判で引かれた線を超えて，公共団体（自治体）は芸術の分野のコミュニケーションの統制に足を踏み入れてはいけない――そしてもちろん踏み入ることもできない――[29]。

　この判例は，パブリック・アクセス・テレビそれ自体についてではなく（通

常のケーブル番組編成に関することであったが），この裁判はケーブル放送と全国（地上波）放送の比較を含んでいた。パブリック・アクセス・テレビに関してのその後の裁判にも使われるようになった（表2-1参照）。裁判所は，正確にはケーブルとは何なのか，何ではないのか，また何と似ているのか，について何年も奮闘し続けた。第1章でも触れたように，クー・クラックス・クラン（KKK）は1989年にカンザス・シティーを告訴した。カンザス・シティーが，パブリック・アクセス・チャンネルでKKKの放送をし続けることを取り消した件についてである[30]。地方裁はこう判決を下した。「憲法は，一般的に大衆に対して開放されている公開討論番組を州が削除することを強制するような状態を禁止する，その公開討論番組の内容が，最初から存在するべきではなかったにせよ」[31]。「原告はケーブル法611項のもとでの行動の権利を所有している」[32]。これによって，1984年のケーブル法の中に含まれているFCCのアクセス・ルールへの信頼性が，さらに高められた。また，注目すべきは，公開討論の場としてのパブリック・アクセス・テレビへの言及である。——もしパブリック・アクセス・テレビが公開討論の場であるならば，最高裁によると，「すべての団体は憲法上保障されたアクセス権をもっている。政府は，特定の階級のスピーカー，特定の観点，または，特定の対象がアクセスすることを規制するためには，納得できる理由を説明しなくてはならない」[33]。公開討論の場として評価されたことで，ケーブルテレビにおけるパブリック・アクセス・テレビに法律的な正当性が与えられた。カンザス・シティーの訴訟は，パブリック・アクセス・テレビが法的な問題を乗り越えることができるだけでなく，ほぼすべてのコミュニティで地上波放送へのオープンなアクセスが表出するのではないかという不安にも打ち勝つことができるという明確なメッセージを国中に発信した。

　しかしながら，言論の自由よりもむしろ，卑猥さと下品さが問題になったとき，パブリック・アクセスのプロデューサーはいつも裁判でうまくことを運ぶことができるわけではなかった。1995年のテキサスの裁判では，「インフォセックス（infosex）」と題された3分間の番組は卑猥であるとして非難された。そ

第2章　パブリック・アクセスの規定を理解する

表2-1：ケーブル放送と地上波放送の違い

ケーブル放送	地上波放送
申し込み必要	不要
視聴者が契約を止める権利をもつ	もたない
視聴者がケーブル会社にクレームをつけることができる	FCCやテレビ局，ネットワーク，またはスポンサーにクレームをつけることができる
広告が限定されている	広告は広範囲に及ぶ
ケーブルを通した伝達	信号が公共の電波を通して伝達される
民営のケーブルで信号を受信する	公共の電波から信号を受信する
視聴者は料金を支払う	支払わない
視聴者は，来たるべき公的催事の予告編を得る	視聴者は日刊，週刊の番組表を商業的ガイドブックから得る
ケーブルは私有である	電波は公的に管理されている

出所：コミュニティテレビジョン対ロイ市裁判の判決文（1982）。

の番組のプロデューサーは，このビデオの目的は安全なセックスを奨励することであるから，これは教育的であると主張した。彼らはさらに，州が全部で2時間のプログラムがすべてみだらであったと立証しなければならず，そうするのに専門鑑定を使用しなければならないと主張した。テキサス控訴裁判所第三管区は，リース（Rees）対テキサス州で，ビデオが社会的価値を欠いているという事実認識で十分であり，彼らが自分の言い分を述べるために専門鑑定を提供する必要はないと裁決した[34]。最高裁は控訴を棄却した。これは，公序良俗という基準をパブリック・アクセスの番組に課した一例である。

最高裁判所がパブリック・フォーラム（公開討論の場）を定義する

　また，当時はパブリック・アクセス・テレビに間接的にしか関係のないと考えられていた判例の中で，最高裁判所は2つのタイプのパブリック・フォーラムについて見解を表明した。1つ目は「長い習慣（伝統），または政府の命令によってディベートや集会のために使われてきた場所，そしてそこは，州の権限によって表現活動の制限をされることは断じて禁止されているところである……または，表現活動のために州が開設した公共の施設のことを指す」[35]。2つ目は「パブリック・フォーラムにおいては，その定義により，すべての団体は憲法上保障されたアクセス権をもっており，政府は特定の階級のスピーカー，特定の観点，または，特定の対象がアクセスすることを規制するためには，納得できる理由を説明しなくてはならない」とした[36]。この裁決は，後の判例に大きな影響を与えることになる。パブリック・アクセス・テレビをパブリック・フォーラムとして見なす考えが妥当性を帯びてきたのだ。

　別の1984年の裁判，キャピタル・シティーズ・ケーブル（Capital Cities Cable）対クリスプ（Crisp）では，最高裁判所は，再度ケーブルに対するFCCの管轄権を認めて，FCCの規制を州と地域の規則より優先させる方向に進んだ。「過去20年にわたり，1934年制定の通信法（コミュニケーション法）の下で与えられた権限により，FCCは明らかにそのケーブルテレビのシステムについて州法または地域の規制より先行しようとしていた」[37]。法廷は，FCCが州や地方の法令より先行することを有効にした。州法や地域条例でなく，連邦法がケーブル・テレビジョン（とケーブル・アクセス・テレビジョン）を治めることになる。

　この段階まで，現実のフランチャイズ，現実的な政策，および現実における資本は危機に頻しており，比較的わずかな人々しか，パブリック・アクセス・テレビを囲む憲法の問題に心を動かされず，また興味をもっていなかった。しかし，この新しいサービスが多くの都市で現実味を帯びてくるにつれ，公衆はより大きな関心を示すようになった。徐々に，このことは連邦の立法者と監督

第2章　パブリック・アクセスの規定を理解する

者に，より大きい圧力をもたらした。

1984年ケーブルコミュニケーション政策法（ケーブル法）と
パブリック・アクセス・テレビ

　何年かにわたるの数々の議論や討論の末，議会は，1934年の通信法を修正し，1984年ケーブル法を制定した。1984年ケーブル法の6つの目的の1つは，「可能な限り広く多種多様な情報や，一般市民へのサービスを提供すること，またはする努力をすることを保証する」ということであった[38]。この法律は，フランチャイズ認可者が，ケーブル経営者に（教育・政府チャンネルに加えて）パブリック・アクセスのチャンネルを提供することを要求することを許可した。それは，ケーブル経営者にパブリック・アクセス・テレビを提供することを要求したのではない。ただ，たいていは地方自治体であるフランチャイズ認可者が，フランチャイズ契約の一部としてパブリック・アクセス・チャンネルを要求することを許可しただけなのだ。もし，フランチャイズ認可者がパブリック・アクセス・チャンネルを要求しなければ，ケーブル経営者は提供する必要はない。この法律は，フランチャイズ認可者を支持したが，パブリック・アクセス・テレビを要求する責任は一般市民にあったのだ[39]。

　他にもこの法律に含まれていたのは，ケーブル経営者に彼らのシステムを通してその地域内の地上波チャンネル全てを中継，発信することを求める（マスト・キャリー・ルールズ：must-carry rulesで知られている）規則だった。この規則はすぐ，裁判で問題にされた。初めての裁判は1985年に起きたクインシー・ケーブルTV（Quincy Cable TV）対FCCであった。控訴審は，マスト・キャリー・ルールズは1984年のケーブル法（Cable Act）に述べられているように憲法修正第1条を犯すと裁定した。「私たちは今，マスト・キャリー・ルールズは根本的に憲法修正第1条と調和しないし，最近起草されたように，もはや有効ではないと結論づけた」[40]。

　裁判所は続けて，マスト・キャリー・ルールズとパブリック・アクセス・テ

79

レビのルールを比較した。「市民や自治体のために公開討論の場を提供することで憲法修正第1条の価値を補償するアクセス規定と違って、マスト・キャリー・ルールズはすでに政府に認められたコストのかからないケーブルを使用しなくても良い伝達機構（地上波）をもっている地方の放送局へコントロール権を移譲するようなものだ」[41]。裁判所は、ケーブルの規制は、アクセスが具体的で範囲が狭く明記されているなら許容されると言っているようだった。

フランチャイズが別の会社に与えられたため、控訴審において議論の余地があると言い渡された訴訟では、裁判所がパブリック・アクセス・テレビの概念を肯定した。

　　ケーブルが私たちの国民生活において建設的な力になるなら、ケーブルはすべてのアメリカ国民に開かれていなければならない。比較的簡単にアクセスできなくてはならない……自分の考えを普及させたい人のため、自分の見解を述べたい人のため、または自分の商品とサービスを販売したい人のため（最後の記述はリースされたアクセス権についてだが）。この自由な情報の流れは、言論の自由、表現の自由、そして正確に言えば我々が持つ他のすべての権利の依りどころとなるものの中心にある[42]。

パブリック・アクセス・テレビは再び、1987年のアメリカ地方裁判所のエリー・テレコミュニケーション社（Erie Telecommunications）対エリー市の裁判で登場する。パブリック・アクセス・テレビの規則は、憲法修正第1条と第14条を根拠に問題視された。法廷は、1984年のケーブル法を制定する前の議会での議論を引用した。

　　この法廷は、アクセスへの要求は、憲法修正第1条が基礎を置く土台をより確かなものにすると確信していた。つまり、意見の市場の促進である……アクセスへの要求は、一般市民がケーブルテレビを思想の普及のために利用できるようにするという実質的な政府の関心を、明白に促進してい

る。

　明らかに，アクセスを（市民が）求めることはケーブル経営者の放送内容の編集権を制限する。しかしながら，裁判所はこう結論づけた。「この侵害は，フランチャイズ認可者が持つ規制の利益の観点から正当化される。……市当局がアクセスを課すことは，合衆国対オブライエン裁判の意見によって要求された，各々の要素を満たす規定を構成している」[43]。

　法廷はこう続けた。「ケーブル経営者がまだケーブルシステムの『実質的過半数』の編集権をもっていることは重要である。したがって，ケーブル経営者の憲法修正第1条の権利を最少限に制約する形でアクセスを求めることができる。この判例は法廷によって肯定された」[44]。

Cable Television Consumer Protection and Competition Act of 1992

　1984年のケーブル法（1984 Cable Act）の一部（と1934年コミュニケーション法：Communications Act of 1934）を修正した1992年のケーブルテレビ使用者保護と競争に関する法（Cable Television Consumer Protection and Competition Act of 1992：通称1992年ケーブル法（1992 Cable Act））の基本方針は以下の通りだ。

① ケーブルテレビやほかの映像の配布媒体を通して，一般市民が多様な意見や情報を利用できる機会を増やす。
② 実行可能な限り市場に頼り，最大限，利用できる機会を獲得する。
③ 経済的に妥当な場合は，ケーブル経営者がケーブルシステムを通して提供する能力と番組を拡大し続けることを保証する。
④ 事実上の競争にさらされていないケーブルテレビのサービスを受けることで視聴者の利益が守られる状態を保証する。
⑤ ケーブル経営者が，プロデューサーや視聴者と向き合って，不適当な市場支配力をもたないことを保証する[45]。

1992年ケーブル法は，フランチャイズ認可者が，PEGアクセス・チャンネルを放送することが可能なチャンネル容量だけではなく，交渉による合意の一部として，施設や財政支援を要求することを認める記述も含んでいた。同法541項(a)(4)(B)では，「フランチャイズを与えるとき，フランチャイズ認可者は，ケーブル経営者に対し市民のアクセス・チャンネル，教育チャンネル，行政チャンネルを放送できる十分なチャンネル容量と，十分な施設や財政支援を提供することを要求してもいい」と明記している[46]。これによって，パブリック・アクセス・テレビの思想や実体を支持する上で，一歩前進した。

　1992年ケーブル法はまた，マスト・キャリー・ルールズを回復させ，直接放送衛星（Direct Broadcast Satellite, DBS）のプロバイダに，チャンネル容量の4～7％を「商業目的ではない教育や情報番組などの番組」に当てるということを要求した[47]。マスト・キャリー・ルールズは再び裁判で問題視され，結局合法と裁定された[48]。マスト・キャリー・ルールズから生じたパブリック・アクセスの問題は，ケーブル会社がマスト・キャリー・ルールズを言い訳にしてパブリック・アクセス・チャンネルを提供しないことを可能にするということだった。マスト・キャリー・ルールズは，ケーブル会社にすべての地上波ローカル局の放送をシステムに組み込むことを要求したため，ケーブル会社はパブリック・アクセスのための十分なチャンネルは残っていないと言い訳した[49]。

　DBS規制は裁判で問題視されたが，1992ケーブル法のこの部分は支持され，FCCは1997年の半ばに規制作りを開始した。ケーブル会社は，新しいケーブル規制が競争にとって不利であると感じ，同じ規制を衛星の競争相手にも課すようFCCに促した。マスト・キャリー・ルールズ，番組へのアクセス，PEGアクセスを含むケーブル規制と同じものを[50]。

　おそらく，1984年のケーブル法と1992年ケーブル法の最も重要な違いは，1984年のケーブル法がケーブル経営者への免責条項を明記している一方，1992年のケーブル法は，もし彼らがPEGアクセスかリースアクセスで下品な番組を放送した場合の免責事項を取り払ったということだろう。1992年のケーブル法10項(c)に次のように明記されている。「そのシステムで下品な要素

や性的で露骨な行為や違法行為を促す要素を含む番組を提供する機関に対して，ケーブルシステムの経営者が，PEG アクセスのチャンネルの容量を使うことを禁じることが必要な場合，FCC は，そういったことができるような規定を公布することになるだろう」[51]。ケーブル経営者は今や，PEG アクセス・チャンネルのすべての下品な番組に対して責任がある。1992 年のケーブル法は，ケーブル経営者がパブリック・アクセス・テレビの設備が下品で卑猥な番組に使われることを禁止することを認めた。その上で，システムを通して下品で卑猥な番組を放送したケーブル経営者が免責される条項を削除した[52]。

1992 ケーブル法が通過したほとんどすぐ後に，ケーブル経営者が PEG アクセスや卑猥な番組について数々の苦情を申し立てた[53]。これらのケースのいくつかはダニエルズ・ケーブルビジョン（Daniels Cablevision）対アメリカ合衆国に集約された。この訴訟の判決で，アメリカ地方裁判所は次のように述べている。

> PEG アクセス規定は，重要な意義ある利益を提供するために制定された。つまり，国の最も普及力を持つ映像配布技術をあまり日の目を見ない発言者に提供することである。普通なら誰も注目してくれないような発言者たちが，意見をテレビの視聴者に届けることができるということは，正当な目標であり連邦立法府の合法的な行為である……PEG アクセスは……行き過ぎることはない。PEG の使用は交渉で調整できるものである[54]。

オブライエン訴訟の検証を利用して，裁判所は，PEG アクセスはケーブル経営者の憲法修正第 1 条の権利を犯さないと宣言した。なぜなら，(1) 規則の内容は中立であり，(2) 正当な目標であり連邦立法府の合法的な行為である，多くの発言者が意見をテレビの視聴者に届けることがそれが設置された理由であり (3) 規制が行き過ぎることがないからである[55]。

ダニエルズ側はまた，ケーブル経営者には PEG アクセス・チャンネルの番

組をコントロールする権利がないという意見を述べて，卑猥な番組の規制を問題視した。裁判所は次のように指摘した。

　　原告と米国自由人権協会は，法廷助言者として次のように強く主張した。PEG アクセスやリースアクセスで放送されている卑猥な番組に対する潜在的な法的責任は，経営者に自己検閲をせざるを得ないという動機を生み出すため，許容できないほど言論を制限することにつながる。免責なしでは，経営者は PEG アクセスやリースアクセスで卑猥な要素を含むと見なされる番組を選別することになるだろう。そして，臆病になればなるほどとても気遣うようになり，十分な法的な保護を受けられないような論議を呼びそうな番組を流すことを自ら拒むようになるだろう[56]。

　裁判所は，誰もこの分野において免責に関する憲法上の権利を有しておらず，議会は自らの意思でその免責を認めるか退けるか決めることができると結論付けた[57]。

　この件に関するもう1つの重要な裁判である，コミュニティ・メディア連盟（Alliance for Community Media）対 FCC では，コロンビア地方裁判所の控訴審で，「ケーブル経営者にリースアクセスやパブリック・アクセス上での卑猥な番組を禁止することを許可している 1992 年のケーブル法の規定と実行されている規制は，憲法修正第1条の権利を侵す」[58]と裁定された。裁判所は，「憲法修正第1条は，政府が直接アクセス・チャンネルのすべての卑猥な表現を禁止するのを禁じているだけでなく，政府がそういった禁止行動を発動できる力をケーブル経営者に与えることを阻止している」[59]。裁判所の3人の陪審員が判決を下した後，FCC は，裁判官全員出席の上で裁判所が再審理に応じるよう求めた[60]。1995 年6月の 11 人全員が揃っている裁判で，その規制は憲法修正第1条を侵してはおらず合法的だ，という理由からこの決定は覆された。

　コミュニティ・メディア連盟は，最高裁判所に訴えを出し，デンバー地区教育的テレコミュニケーション連合（Denver Area Educational Telecommunications

Consortium）対 FCC の裁判と同時に扱われ，1996 年の 2 月に議論開始となった。最高裁判所は，ケーブル経営者にリースアクセス・チャンネル上での卑猥な番組を検閲することを許可している 1992 年のケーブル法の部分が合法であると裁定した。しかし，裁判所は，ケーブル経営者にリースアクセス・チャンネル上での卑猥な番組を分離し追放することや PEG チャンネル上での卑猥な番組を検閲することを要求している 2 つの条項は，憲法修正第 1 条を侵し，違法であると裁定した[61]。

　リース・チャンネルへの検閲は許可するが，PEG アクセスへの検閲は許可しないということの理論的根拠として，裁判所は PEG アクセスとリース・チャンネルの 4 つの差異を引用した。1 つ目は，PEG アクセス・チャンネルの歴史的な公共性と以前はケーブル会社によって編集されていなかったという事実である。2 つ目の違いは，パブリック・アクセス・テレビの制度上の特質に起因する。これらのチャンネルは，「様々な種類のシステムの複雑な監督権を前提としている。この公的で私的で雑多で非営利な要素から成る PEG システムは，その監督者や NPO または自治体のマネージャーを通して，番組構成を設定することができ，特定の番組の供給源を是認したり否認したりすることができる。そしてこのシステムは，例えば，番組制作者自身による賠償，その地域基準のコンプライアンスの確認，放送時間の編成，アダルト・コンテンツへの警告，を要求することによって，または，個々の番組をあらかじめ選別することによって，この政策を維持・管理することができる」[62]。ほとんどのアクセスに関する機関はすでに，このタイプの番組を管理する制作や手順を備えているので，裁判所は，連邦レベルの規制は不必要だと裁定した。裁判所が引用した 3 つ目の差異は，「コミュニティが価値を置く番組を促進し保証するためのシステムにおいて，基本的な目標である子供を保護するという規制を達成するために『ケーブル経営者』が主張する拒否権は，リースアクセスの文脈での同様な拒否権ほど必要なものではない」[63]ということであった。そして，4 つ目の差異は，国家的に，PEG アクセスの大いに害のある番組から子供たちを保護するという強制的な義務は存在しないということであった。裁判所は次のよ

うに述べた。「パブリック・アクセス・チャンネルに関する結論は，地方自治法や規制や契約によって成立した，地域コミュニティと非営利の監督者とアクセス・マネージャーの間の，現在の番組編成上の関係を根本的に変えることができる法律である。現在の（機能している）監督システムを考慮に入れると，直接的にパブリック・アクセス・チャンネルを対象としたこの特定の（検閲）規定の必要性は明らかではない」[64]。その決定を下すとき，裁判所は，たくさんのパブリック・アクセス・テレビの擁護者や支持者からの情報を考慮した[65]。パブリック・アクセス・テレビは，自由な公開討論の場として保たれたのだ。

1996年テレコミュニケーション法とパブリック・アクセス・テレビ

　1996年テレコミュニケーション法（Telecommunications Act of 1996：1996年通信法（1996 Act））はFCCに対し，ケーブルのフランチャイズなしで，PEGアクセスの規定を「オープン・ビデオ・システムズ（open video systems）」（OVS）または他のシステムまで拡張する規則を適用するよう要求した。OVSは，電話会社が供給するケーブル・テレビや映像の配信システムである。パブリック・アクセス・テレビやケーブルの管理者の間に，OVSの経営者はPEGの規則や規定に従わないのではないかという不安があった。1996年法は，これらの不安を静めるのに役立った。しかし，1996年法は，OVSを提供している遠距離通信会社に対し地方の自治体とフランチャイズ合意をもつように要求はしなかった。が，この新しい規則がどのように行使されるかについて多少の混乱があった。FCCは，1996年8月の1996年法のOVSの章で，PEGについて幾分明らかにした。このルール作りによると，OVS経営者は地方のケーブル会社のパブリック・アクセス・テレビへのサポートのレベルに合わせなければならない。OVS規制は，ケーブル経営者の現在の支払義務を半分にするというよりは，むしろ，パブリック・アクセス・テレビの資金を二倍にする結果となる。しか

し，この規則のある部分は，抗議されてきたし，この法律が公布されても，第5巡回裁判所の控訴審まで保留のままであった[66]。

さらに，この法律は，地方のケーブル経営者が支払うことになっているフランチャイズ料金と同額まで要求できることを示している。1996年法506項は，1992年のケーブル法がそうしたように，ケーブル経営者がパブリック・アクセス・テレビの番組で，わいせつ，下品な要素，または裸について検閲するのを許可している。しかしながら，1992年法内でのこの記述は，デンバー（Denver）地域の最高裁で法的根拠がないと判断された。これはわいせつな内容を含まない番組にまで検閲が拡大される怖れがあったためだ。FCCはこれを認め，1997年の5月に「覚え書および注文書（Memorandum and Order）」を発行した。そしてその中で「1992年のケーブル法10項(c)が違憲であると裁判所がやっと決定したことで，われわれは1996年法76項702を修正する。ケーブル経営者に不適切な番組を流すことを拒否する権限を1996年法が与えている限り，これはデンバー連合（Denver Consortium）の裁判においてケーブル経営者が明らかに攻撃的な性関連の内容の番組を拒否することを認めない，という判決と明白に矛盾している」[67]と述べている。

興味深い混乱した事例もある。ニューヨークのルディー・ジュリアーニ（Rudy Giuliani）市長は，1996年後半にタイム・ワーナーケーブルシステムで2つのニュースチャンネルに場所を譲るために，マンハッタンにある5つのパブリック・アクセス・チャンネルのうちの2つを閉鎖する試みを示した。タイム・ワーナーは，自分たちのシステムの上にニュースチャンネルを許容するのを拒否した。控訴裁判所は，パブリック・アクセス・チャンネルは，商業ニュースのためではなく一般大衆が使用するために保護されると裁定した[68]。

結論

1992年のケーブル法は，議会のパブリック・アクセス・テレビへのサポートを再び肯定した。ダニエルズ（Daniels）の裁判では，パブリック・アクセ

ス・テレビは憲法上の問題を引き起こすことはないという法廷の信念を再び確信した。政府は，フランチャイズ認可者がフランチャイズ合意の一部としてPEGアクセスを要求するのを認める根拠としてオブライエンのケースを利用しているため，1984年と1992年のケーブル法が合憲的であるように見える。

現在，パブリック・アクセス・テレビの概念は，法廷で問題視されてはいない。散発的な訴訟があっても，パブリック・アクセス・テレビの将来の在り方は法廷で決められるのではなく，地方自治体の議会や他の公開討論の場で決められるだろう。1984年と1992年のケーブル法では，フランチャイズ認可者（通常は地方自治体）が，ケーブル経営者に対しフランチャイズ合意の一部としてパブリック・アクセスを要求する。そして1996年法はPEGの要求をOVSにまで拡大している。もっとも，個人とコミュニティがそれを要求しないなら，自治体はケーブル会社にパブリック・アクセス・テレビを要求する必要がないだろう。そして，ケーブル会社は費用を加入者に課すことができるので，それは苦しい闘いであるかもしれない[69]。これは，パブリック・アクセス・テレビの将来の最大の脅威が，法的な問題というよりも，地域住民の無関心と地方自治体からの資金の獲得競争であることを意味している。法は，ある1つの安全装置で環境を整えてくれるが，基金の保証はまったくしてくれない。一般市民が活発にパブリック・アクセスの存在を支持する運動をしないなら，法制化と規定作りのこれまでの長い年月は，無意味なものになってしまうだろう。

注　　　　　　　　　　　　　　　　　　　　　　　　　NOTES

1) 38 FCC 683, 685 (1965).
2) 391 US 367, 377 (1968).
3) 392 US 157, 172, 178 (1968).
4) 395 US 367, 390 (1969).
5) 15 FCC 2d 417, 422 (1968).
6) 25 FCC 2d 38, 41 (1970).
7) *Ibid.*, 48-49.
8) 31 FCC 2d 115, 128 (1971).
9) *Ibid.*

第 2 章　パブリック・アクセスの規定を理解する

10）　*Ibid.*, 130.
11）　*Ibid.*, 131.
12）　406 US 649, 667 (1972).
13）　*Ibid.*, 670.
14）　36 FCC 2d 143, 190-91 (1972). チャンネルの使用は無料であるが，制作コストはそうではない。テレビ番組制作に人々が参加することを妨害しているものが，この制作コストである。テレビ番組制作は高価な設備を必要とし，同時に，このコストがほとんどの人々が制作できない原因になっている。
15）　*Ibid.*, 194.
16）　418 US 241, 258 (1974).
17）　523 F2d 1344, 1351 (1975).
18）　*Buckley v. Valeo*, 424 US 1, 48-49 (1976) (citations omitted).
19）　59 FCC 2d 294, 296 (1976).
20）　*Ibid.*, 298.
21）　*Ibid.*, 299.
22）　533 F2d 601, 615 (1976).
23）　567 F2d 9, 13 (1977).
24）　573 F2d 765, 767 (1978).
25）　406 US 649 (1972).
26）　440 US 689, 708 (1979).
27）　*Ibid.*, 713-14 (citations omitted).
28）　485 FSupp. 1035, 1040 (1980).
29）　555 FSupp. 1164, 1172 (1982).
30）　*Ibid.*, 1352.
31）　*Missouri Knights of the Ku Klux Klan v. City of Kansas City, Missouri*, 723 FSupp. 1347, 1352 (W.D. Mo. 1989).
32）　*Ibid.*, 1354.
33）　*Perry Education Association v. Perry Local Educators' Association*, 460 US 37, 45 (1984).
34）　909 SW2d 264 (Texas Ct. of Appeals) (1995); "Public Access Cable Show Obscenity Convictions Upheld : Court : 'Safe-Sex' Video not Educational," *News Media & the Law* 20, no. 1 (Winter 1996) : 38 ; and W. Bernard Lukenbill, "Eroticized, AIDs-HIV Information on Public-Access Television : A Study of Obscenity, State Censorship and Cultural Resistance," *AIDS Education and Prevention* 10, no. 3 (1998) : 230.
35）　*Perry Education Association v. Perry Local Educators' Association*, 460 US 37, 45 (1983).
36）　*Ibid.*, 55.
37）　467 US 691, 701 (1984).

38) *U.S. Code*, vol. 47, sec. 521 (1984).
39) *Ibid.*
40) 768 F2d 1434, 1438 (1985).
41) *Ibid.*, 1452-53.
42) *Berkshire Cablevision v. Burke*, 571 FSupp. 986, 987 (1983).
43) 659 FSupp. 580, 599 (1987) (citations omitted).
44) *Ibid.*, 601.
45) J.P. Coustel, "New Rules for Cable Television in the United States : Reducing the Market Power of Cable Operators," *Telecommunications Policy* (April 1993), 214.
46) *U.S. Code*, vol. 47, sec. 541 (a) (4) (B) (1992).
47) *U.S. Code*, vol 47, sec. 335 (b) (1).
48) *Turner Broadcasting System, Inc. v. FCC*, 512 US 1145 ; and *Turner Broadcasting System, Inc. v. FCC*, 117 SCt 1174.
49) TCI Cable of Westchester planned to reassign its public access channel because of the must-carry rules. See "TCI Cable Makes Official Cutback in Public Access," *New York Times*, 7 April 1996, sec. WC, 13.
50) *Daniels Cablevision, Inc. v. U.S.*, 835 FSupp. 1 (D.D.C. 1993) ; and Chris McConnell, "Cable Backs Public Interest Rules-for DBS," *Broadcasting and Cable* 127, no. 19 (5 May 1997) : 21-24.
51) *Ibid.*, 1486.
52) *U.S. Code*, vol 47, sec. 558 (1988).
53) Nicholas P. Miller and Joseph Van Eaton, "A Review of Developments in Cases Defining the Scope of the First Ammendment Rights of Cable Television Operators," *Cable Television Law* 2 (1993) : 298.
54) 835 FSupp. 1, 6-7 (DDC 1993) (citations omitted).
55) *Ibid.*
56) *Ibid.*, 11.
57) *Ibid.*
58) 10 F3d 812, 817 (DC Cir 1993).
59) *Ibid.*, 815.
60) *In banc* refers to the entire eleven-member Court of Appeals.
61) 116 SCt 2374, 2394 (1996).
62) *Ibid.*, 2395.
63) *Ibid.*, 2396.
64) *Ibid.*, 2397.
65) *Ibid.*, 2396-97. Comments noted by the Court in its decision were from Patricia Aufderheide ; Boston Community Access and Programming Foundation ; Metropolitan Area Communications Commission ; Waycross Community Television ; Columbus Community Cable Access ; City of St. Paul ; Erik Molberg,

第 2 章　パブリック・アクセスの規定を理解する

Public Access Coordinator, Ft. Wayne, IN ; Defiance Community Television ; Nutmeg Public Access Television ; Boston Community Access and Programming Foundation ; Staten Island Community Television ; Cambridge Community Television ; Columbus Community Cable Access ; and Cincinnati Community Video.

66) *Telecommunications Act of 1996*, U.S. Code Supplement II, vol. 47, sec. 531-59 (1996).
67) MM Docket No. 92-258 (slip op. At 4-5), May 7, 1997.
68) Donna Petrozzello, "Time Warner Wins NYC Cable News Fight," *Broadcasting and Cable* 127, no. 28 (7 July 1997) : 5.
69) Andy Newman, "More than Television," *New York Times*, 1 January 1996, New Jersey edition, 1.

第 3 章

パブリック・アクセス・テレビの現状

今日，パブリック・アクセスをもつケーブルテレビは全米でおよそ2,000あり[1]，毎週1万5,000時間以上もの新しい地域番組が制作されている。その数は，NBC，CBS，ABC，FOX，PBSが制作する番組を合計した数よりも多い。しかしながら，1992年の統計によると，全米のうち20％にも満たないコミュニティでしか，パブリック・アクセス・テレビのサービスは行われていない。アメリカでは基本的には，パブリック・アクセス・テレビはケーブル会社によって資金を提供されるが，地域での運営は，様々な機関によって行われている。つまり，非営利団体や地方自治体，高校や大学などが，パブリック・アクセス・テレビを運営しているのである[2]。

組織と運営

　ほとんどのパブリック・アクセス・テレビは，地方自治体，ケーブル会社，非営利団体のうちのどれかによって運営されている。ケーブル会社によって運営されている場合，パブリック・アクセス・テレビは軽視されがちである。これは，ケーブル会社の立場から見ると予測できることで，パブリック・アクセス・テレビが使われれば使われるほどコストがかかってしまうからである。コストを下げ最小限レベルのサービスを維持するためには，ケーブル会社に良いビジネスセンスが要求される。パブリック・アクセス・テレビが地方自治体によって運営されている場合，パブリック・アクセス・テレビの予算は，地方自治行政の変動や議会政治の変化に左右される。したがって，パブリック・アクセス・テレビが地方自治体によって運営される場合，番組は公的な政策や計画に関連して来るのは避けられない。実際に役人に管理能力がない場合，市民は一般的に，パブリック・アクセス・テレビの組織によって決められた番組編成に対して，彼らが選んだ役人に責任があると考えている。ケーブル会社による宣伝や慈善活動の欠如，毎年の予算の制限，選出された役人の番組管理に対する能力不足などの問題を考えると，非営利組織がパブリック・アクセス・テレ

ビの運営を担当するのが，最も都合が良いと考えられる。

　非営利組織は，ボランティアやその組織の成功のために金銭的援助をした地域の市民で構成する管理委員会によって運営される。この個人的な係わり合いのため，彼らは，パブリック・アクセス・テレビをコミュニティに理解させ，優先順位を設定し，コミュニティの多様性を主張し，資金を調達するのに良い仕事をしようとする。加えて，彼らは必要ならば論争を巻き起こすような番組を扱うことのできる立場にある。「コミュニティ・メディア・リソース・ディレクター（Community Media Resource Director）」によると，非営利団体と地方自治体が大体センターの半分を運営し，3分の1以上が地域のケーブル会社によって運営され，そして10％強が教育機関によって運営されている（表3-1参照)[3]。

表3-1：全米のパブリック・アクセスセンターの管理主体のタイプ

管理主体のタイプ	センターのパーセンテージ
地域のケーブル会社	37
非営利団体	26
地方自治体	22
教育機関	13
図書館	1
その他	1
合　計	100

設　備

　パブリック・アクセス・テレビの設備は豪華なものから質素なものまで幅広く存在する。予想されるように，ニューヨークのような大都市では，非常に洗練された機器が備わっている。マンハッタン・ネイバーフッド・ネットワーク（Manhattan Neighborhood Network）は，歴史的な映画スタジオがあった場所に位置

している。小さな町や郊外の町では，パブリック・アクセスの機器は，地方のケーブル会社のオフィスにあるポータブルビデオカメラと録画再生デッキ程度である[4]。

　1つのケーブル会社によって提供されている特定の地域の中だけでさえ，その範囲は巨大となりうる。例えば，アメリカに47あるケーブル会社の1つであるニュージャージー（New Jersey）のケーブルテレビは，多くの地方自治体に最小限のパブリック・アクセスのサービスしか提供していなかった。しかしながら，長引いた法的対立の後，ケーブル会社はベイヨン（Bayonne）の街に，新しいスタジオと地域番組を制作する設備のための資金を提供した。また，他の州では，C-Tecと呼ばれるケーブル業者が，プリンストン（Princeton）地域の加入者に，将来の双方向番組のための双方向ケーブルだけでなく，6つの24時間放送のパブリック・アクセス・チャンネルを提供した[5]。

　他の例としては，5,348平方フィートをカバーするコネチカット（Connecticut）州ニューヘブン（New Heaven）の「シチズンズTV（Citizens TV）」，1,300平方フィートをカバーするコネチカット州ファーミントン（Farmington）の「ナットメグ・テレビジョン（Nutmeg Television）」，カリフォルニア州のミッション・ヴィージョ（Mission Viejo）がサドルバック・バリー教育自治区（Saddleback Valley Unified School District）と共同で運営し，高校内に設置しているもの，インディアナ州のフォートウェイン（Fort Wayne）が公立図書館の中に設置しているものが挙げられる[6]。

　各々のパブリック・アクセス・テレビは，三脚に乗った大体2台か3台のカメラがあるスタジオ，スイッチャー，いくつかのマイクを処理できるオーディオ機器，カセットプレーヤーまたはCDプレーヤー，グラフィックのためのCG機器，内線電話などを備え付けている。もっと設備が整っているスタジオもあるが，ほとんどのスタジオはあまり整っていない。例えば，ボストンの設備は，上記に挙げたものに加えて，カメラ，スイッチャー，オーディオ，CG，内線電話のすべてが揃っているもう1つの小さめのスタジオがあり，カメラやスイッチャー，オーディオ，CGなどを操作する人がいなくても，1人で番組

を作ることができるようになっている。ボストン・ネイバーフッド・ネットワーク（Boston Neighborhood Network）では，プロデューサー（番組制作者）になりたい人を訓練したり補助したりするために，有給のスタッフまでいる。また，ノースカロライナ州のベルヘブン（Bellhaven）のパブリック・アクセス・テレビでは，スタジオとポータブルビデオカメラ，そして再生デッキのための部屋がケーブルテレビ局内に設置されている。そのチャンネルでは，多くの時間で広報が放送されているが，ハロウィーンやクリスマス，独立記念日などには生放送もされている。

　スタジオの設備に加えて，ほとんどのパブリック・アクセス・テレビセンターは，プロデューサーが自分たちの番組をどこででも編集できる複数の編集機に加えて，ポータブルカメラや三脚，照明や屋外で使用できるマイクも用意されている。また多くのセンターでは，有料か無料かは別として，プロデューサーのためのダビングサービスも提供している。テープの再生に関して責任のあるパブリック・アクセス・テレビセンターは，何種類かの再生システムや，ビデオやオーディオのシグナルをケーブルテレビ局用に変換するための機器をもっている。

　それらの設備や機器の質は，各々のセンターによって様々で，各々のセンターが資金源からどれほど資金を調達できているかにかかっている。より多くの資金をもっているセンターは，よりよい設備や機器をもっている傾向がある[7]。

　パブリック・アクセス・テレビセンターは，一般市民の役に立つ必要があるので，ほとんどは1日最低でも8時間から12時間，1週間のうち6日は開いている。もちろんもっと長く開いているセンターもあるが，たいていその開館時間はその資金の調達具合による。より長い時間開けていれば，より多くのスタッフが必要となってくる。ほとんどのパブリック・アクセス・テレビセンターにとって最も忙しい時間は，人々が番組制作に没頭できる土曜日の夕方から夜にかけてである。パブリック・アクセスのプロデューサーのほとんど全員がボランティアである。実際，ほとんどのプロデューサーが，自分が思っていたよりも多くの時間を番組作りに費やし，ビデオテープや他の消耗品のためにも

お金が必要になっている。

番組とプロデューサー

パブリック・アクセス・テレビのプロデューサーには「肩書き」がない。普段は，地域活動家だったり，年配の市民だったり，市議会議員だったり，10代の若者だったり，ビジネスマンだったりと多種多様である。そのような多種多様な人々を一般化することはできない。もしできるとしたら，これらの人々は皆商業的ではなく，検閲を受けていないテレビ番組の価値を認めている人たちであるということである。それはまた，同時にばかげたものから崇高なものまで，あるいはまじめなものから人気取りなものまで幅広いため，パブリック・アクセス・テレビの番組の内容をカテゴリー分けするのは不可能なことを意味している。大変多様なプロデューサーと番組を考慮に入れなくてはいけないのは，パブリック・アクセス・テレビにとって当然のことである。

コネチカット州ニューヘブン（New Haven）で3つのチャンネルから成り立っているシチズンズTV（Citizens TV：CTV）は，1日24時間，1週間に7日間番組を放送している。その番組のすべては，CTVの訓練を受けたアマチュアによって制作されたものである。制作スタッフはすべてボランティアである。CTVでは，毎週番組を放送する80人のプロデューサーがいて，150人以上が時折，番組を制作している。彼らは1週間に1時間の番組時間を割り当てられている。このシステムは，全米のパブリック・アクセス・テレビセンターで導入されている。パブリック・アクセス・チャンネルは，地元のプロデューサーによって制作された番組をケーブルテレビで放送し，多くのセンターでは，他の地域で制作されたが地元の人がサポートした「輸入」番組もケーブルテレビで放送する。ケーブルテレビで放送する番組がない場合，ほとんどのセンターは，文字と表だけで今後の地域イベントなどを伝える広報を放送する[8]。

全米では，2,000を超えるコミュニティで，様々なジャンルの話題を取り上げたパブリック・アクセス・テレビの番組が多くある。番組は地域地域によっ

第3章　パブリック・アクセス・テレビの現状

て様々であるが，多くの点で驚くほど似ているものもある。第1章でも示した通り，パブリック・アクセス・テレビ番組の最も良い例の1つは，最も古いものの1つでもある。1978年に始まった「オルタナティブ・ビューズ（Alternative Views）」は，いまだにテキサス州オースティン（Austin）で断続的に制作されている[9]。インディアナ州フォートウェインでは，アレン公営図書館（Allen County Public Library）による電話調査によると，大衆に人気のある番組は，「スピーク・アウト（Speak Out）」，「コメット・ホッケー（Komet Hockey）」，「ザ・アンクル・ダッキー・ショー（The Uncle Ducky Show）」，「シチュエーション・ナンバー・ナイン（Situation Number Nine）」，「ハイウェイ・ビデオ（Highway Videos）」，「YMCAボディショップ（YMCA Body Shop）」，「レイダーズ・オブ・アクセス（Raiders of Access）」である。ミシガン州グランド・ラピッズ（Grand Rapids）では，グランド・ラピッズ・ケーブル・アクセス・センター（Grand Rapids Cable Access Center：GRTV）が，「お仕事ショー（The Job Show）」，「古代芸術に癒されて（Healing the Ancient Arts）」，「よっ！　グランド・ラピッズ（Yo! Grand Rapids）」をレギュラー番組として放送している。バーモント州ミドルバリー（Middlebury）では，2つのコミュニティ・ニュース番組「フロント・ページ（Front Page）」と「イン・ビュー（In View）」がコミュニティ内の会話のような形でレギュラーでケーブルテレビで放送されている。多くのパブリック・アクセス・テレビの番組はシリーズ物ではない。これらの単発番組の2つは「アーティスト・ジョセフ・ハーンをミドルバリーに迎えて（The Artist Joseph Hahn in Middlebury）」と「芸術とローゼンバーグ（Art and Rosenbergs）」である。ミドルバリーもまた，テキサス州オースティンから「オルタナティブ・ビューズ」，ニューハンプシャー州マンチェスター（Manchester）からフランス系カナダ人の番組である「ボンジュール（Bonjour）」，バーモント州バーリントン（Burlington）でローマカトリック教区によって制作されている番組「ジャーニー」などの番組を輸入している[10]。

　ニュージャージー州ニューアーク（Newark）では，一連の印象的なパブリック・アクセス・テレビ番組が売りになっている。地元の教師が学生の宿題に関

する質問に答える,隔週放送の視聴者電話参加型人気番組「エクストラ・ヘルプ (Extra Help)」や,賞賛された地域の芸術番組「エクスポージャー (Exposure)」,現代のイベントを扱った労働本位の番組「ステート・オブ・ザ・ユニオン (State of the Union)」や悪事に目を凝らした「ホワイトカラー・クライム・レポート (White-Collar Crime Report)」などがある[11]。

パブリック・アクセス・テレビは,地元の市民組織の財産にもなっている。社会的サービス組織だけでなく,NPOもパブリック・アクセス・テレビの価値を認めてきている(全米でパブリック・アクセス・テレビを利用しているグループの例を示した表3-2参照)。NPOによるパブリック・アクセス・テレビ利用を促すため,NPOのサポートを手がけている全国的な博愛主義組織であるベントン基金 (the Benton Foundation) は,NPOを促進するためのビデオがどのように使われているかを示す出版物を発行した。3つの出版物のうちの2つである「ケーブル・アクセス (Cable Access)」と「メイキング・ビデオ (Making Video)」は,NPOがパブリック・アクセス・テレビを使って自らの番組を供給するためのガイドである。

地方では,パブリック・アクセス・テレビは,マイノリティーグループによって,理解を深めたり,コミュニティを促進するために使われている。マサチューセッツ州のリン (Lynn) では,毎週30分間のスペイン語番組である「コスモス (Cosmos)」が,「地域や世界で起きている事件を,地域のスペイン語を話す人たちに伝えている」。マサチューセッツ州議員で,スペイン語の新聞である「プレセンシア (Presencia)」のリポーターであるペドロ・ディアス・ヘルナンデス (Pedro Diaz Hernandez) は,妻であるアルタグラシア・ディアス (Altagracia Diaz) と子供たちとともに,その番組の司会者兼プロデューサーである。毎週放送されている「ハイチ・テレマガジン・ネットワーク (Haiti Tele-Magazine Network)」は「ホームシックになっている移民に,指示を与えたりアメリカで生き抜いていくためのアドバイスを与えたりしながら彼らの故郷のニュースを伝えている」。アイダホ州ポカテロ (Pocatello) では,生放送のスペイン語トーク番組である「ラボス・ラティーナ (LaVoz Latina)」が1982年からほ

第3章 パブリック・アクセス・テレビの現状

表3-2：NPO が制作するパブリック・アクセス・テレビの番組の例

機関とその場所	番組のタイトル	番組の説明
Writwood Improvement Association Chicago, Illinois	"Home Equity"	町内会が近々の住民投票を広報するために利用する
Milwaukee Audubon Society Milwaukee, Wisconsin	"Milwaukee Audubon Presents" and "Earthcare"	オーデュボン協会が環境問題を広報するために利用する
Roger B. Chaffee Planetarium Grand Rapids, Michigan	"Neptune Encounter"	「惑星探査船ボイジャー2」についての番組をケーブルテレビで放送する
Foxborough, Massachusetts Council for Human Services Foxborough, Massachusetts	"Auction I" and "Auction II"	毎年行っている競売をケーブルテレビで放送する
Good Samaritan Hospital and Media Center Portland, Oregon	"Health Visions"	糖尿病患者のための料理の仕方、コレステロールを除去する方法、PMSサイクルを崩す方法を教える
Los Angeles Jazz Society Los Angeles, California	"Jazz in Review"	ジャズ、ミュージシャン、ジャズ界にスポットを当てる
United Way/Neighbors Helping Neighbors, Inc. San Luis Obispo County, California	"Good Neighbor Community Outreach"	異なる地域の局を特集する
American Association of Retired Persons, Inc. Area VII Dallas, Texas	"Senior Speak Out"	全米退職者協会（AARP）のイベントに焦点を当て、高齢者を番組制作に関わらせる
Northern Virginia Youth Services Fairfax, Virginia	"Focus on Youth"	今日の若者が直面している重大な問題を取り上げる
Little City Foundation Palatine, Illinois	"Given Opportunities"	知的障害者が人々の態度を変えようと番組を制作する
League of Women Voters Bucks County, Pennsylvania	"At Issue"	地元の問題のドキュメンタリーシリーズ

出所：Margie Nicholson, "Cable Access," *Strategic Communications for Nonprofits*, Washington, D.C.: Benton Foundation, 1992.

ぼ毎週土曜日に制作され続けている。この番組は，南西アイダホのスペイン人コミュニティにとって大変重要なものになっている。テキサス州ダラス (Dallas) では，地元のイラン人が，彼らの文化を保ち，地元のイラン人の中のコミュニティが活発化するのを助けるために番組を制作している[12]。

インディアナ州ウェイン (Wayne) 郡にあるホワイトウォーター・コミュニティ・テレビジョン (Whitewater Community Television：WCTV) でアシスタント・オペレーション・ディレクターを務めるジム・ラッセル (Jim Rassell) 氏は，WCTVで「カフス (Cuffs)」，「エキサイティング・エクスプロレーションズ (Exciting Explorations)」，「フォーカス・オン・ジ・アーツ (Focus on the Arts)」，「ヘルス・フォーラム (Health Forum)」，「ヘルス・コール (Health Call)」，「ヘルプ・ザ・アニマルズ (Help the Animals)」など様々な独自の番組をリポートしている。「カフス」は，罰金の未払いや現金詐欺，ドラッグ売買や子供の虐待など，警察に指名手配されている人物の情報を伝えるために，地元の警察官2人によって始められた。その番組では，警察官が事件についての情報を読み上げている間，指名手配者の写真が映し出される。その番組は，未解決の事件について扱ったり，警察官の様々な仕事を紹介したりもしている。この番組の成功は，この番組で紹介されたケースの74％が解決されているという結果からも見てとれる。「エキサイティング・エクスプロレーションズ」では，地元の女性が，コミュニティのほかの地域を探検するため，子供を連れて街に飛び出す。彼女たちはこれまで，美術館やラジオ局などを訪れてきた。1ヵ月に1度の「ヘルス・コール」は，医師が電話で寄せられた市民の健康に関する質問に答えていく。「ヘルプ・ザ・アニマルズ」は，地元の動物センターのボランティアによって制作され，センターに入ることで現在生き生きとしている動物たちを取り上げている。加えて，この番組では，卵巣除去や去勢したペット，世話，しつけのトレーニングなどについても扱っている[13]。「コントラコスタ・カウンティーズ・デッドビート・ペアレンツ (Contra Costa County's Deadbeat Parents：コントラコスタ群の怠け者の親たち)」という別の番組では，子育てに怠慢な親たちをすっぱ抜いている[14]。ボランティア集めに苦労した後，グレート・ネッ

ク・ヴィギラント消防団（the Great Neck Vigilant Fire Company）は，「その目的のためだけに，公共サービスの告知を始めた」。会社のボランティアの消防士3人が一緒になって，短いニュースを書き，制作し，監督し，撮影し，編集する。そのニュース番組を作る前の消防士の映像制作経験はゼロ。3人はグレート・ネック・ノース・ショア・パブリック・アクセス・テレビ（Great Neck-North Shore Public Access Television）で番組制作のスキルを学んだ。地域ケーブル番組の全国機関（現在は，the Alliance for Community Media）は，これらの番組をその年に全米で最も優れた番組として評した[15]。

　パブリック・アクセスは，市民意識を活性化するためにも，多くのコミュニティで利用されている。ミシガン州のマコブ（Macomb）郡では，1997年11月の選挙において，開票速報が地元のパブリック・アクセス・チャンネルとインターネットで一斉に伝えられた。事務所からの情報はすぐにインターネットに流され，パブリック・アクセスでは2分ごとに情報が更新された。また，少なくとも5つの州（ニューヨーク，オレゴン，ミシガン，ロードアイランド，ワシントン）では，州議院議員は議会で何が起こっているのかについて有権者に知らせる番組を制作することが許されている。ニューヨークの下院議員は，「集会スケジュール（Assembly Calendar）」を制作している。「ミート・ザ・スピーカー（Meet the Speaker）」はロードアイランドで制作されている。そして，ワシントン州の「立法府の最新情報（Legislative Update）」は，議員に3分から5分程度の番組を与えている。フィラデルフィアでは，警察署が6年間，パブリック・アクセスで番組を制作し続けている。彼らはタイプの異なる3つの番組を制作している。生放送の電話参加型番組，トーク番組，そして形式の定まっていない番組である[16]。

　多くのパブリック・アクセス・テレビ番組は，一般的なインタビューやトーク番組であるが，それぞれのコミュニティでは，コミュニティに関係のある人や問題に焦点が当てられている。「ブロックトンのよいところ（Good About Brockton）」は，マサチューセッツ州ブロックトンで重要な個人や組織を取り上げている。「スピーキング・オブ・サミット（Speaking of Summit）」は，そのプ

ロデューサーによると「私の友達や近所の人たちのための，その人たちによる，その人たちについての番組である。私たちは自分たちを扱っている」。その番組には，ニュージャージー州サミットでは何が起きているかを話すために，市長や他の市議会議員，市の機関の代表者，NPOのメンバーなどを招く。「サクラメントの即席演説（Sacramento Soapbox）」は，斬新な視点で地域の，国家の，そして国際的な問題について毎週話し合う番組である。プロデューサーのジョン・ウェブ（John Webb）は，12年間パブリック・アクセス・テレビの番組を作り続けている映像制作インストラクターである。グリーンスボロー・コミュニティ・テレビジョン（Greensboro Community Television）は，インタビューや写真，図や文書などの双方向マルチメディアを使った番組「コミュニティ・ボイス（Community Voice）」を制作するために，地元の公共図書館や歴史資料館などと協力している。すべてのシリーズは，プロジェクトが完了したときにパブリック・アクセス・チャンネルで放送され，CD-ROMが公共の図書館に設置される[17]。

　多様な多くの人々の要求を満たすために，シカゴ・アクセス・ネットワーク（Chicago Access Network : CAN TV）は，1,200もの異なる番組を毎週540時間以上にわたって放送している。国の政治から地域のテレビ番組まで，シカゴ市民の興味のあるテーマについて話し合う5人の男性に注目した「キャビアと小石（Caviar & Grits）」という新しい形のトーク番組もある。その番組は，「土曜日の午後に床屋で5人の男がおしゃべりをする」ような番組とシカゴトリビューン（Chicago Tribune）の記者は書いている[18]。他の番組では，双方向的な電話調査のデータを提供し，それによって視聴者は，仕事，教育，健康，エンターテインメントやその他のトピックについての何百もの「ページ」や掲示板にアクセスすることができる。シカゴの人々がパブリック・アクセスで役立てることができるその他の番組としては，ありふれていてつまらないものが多い。「ソングセーション（Songsation）」は，「過激な生物の絵画や美術館で働く男性，下水道に落ちる様を歌った『エック（Eck）』という歌，『ドクター・トイレット（Dr. Toilet）』と名付けられた絵画，『チャッティング・アップ（chatting up）』と

いうバンド」を取り上げている。「サプライズ・ショー（Surprise Show）」では，30分間にわたり，ある女性が生まれたばかりの彼女の息子について，トウモロコシ畑に座りながら語っている[19]。

　いくつかのパブリック・アクセス・チャンネルでは，他の商用メディアでは不可能な刷新的な番組編成を使っている。例えばオレゴン州ポートランド（Portland）では，毎週1つの番組が延々2日間にわたって放送されている。チャンネルの代表者はテレビ機関紙で，これは番組を見つける負担を視聴者に強いるよりはむしろ，彼らが見る時間があるときはいつでも視聴者に番組を提供する方法だと語っている[20]。

　多くのパブリック・アクセス・テレビの番組は，ローカルタレントの舞台になっている。ニュージャージー州サミットで絵画，詩，音楽，ダンスやコーヒー作りを描いた「アンドレとカフェ（Café with Andre）」，オハイオ州デイトン（Dayton）の「ホームタウン・ショーケース（Hometown Showcase）」，街の若者が直面する問題と同様に10代の地域タレントを描いた「ヤング・シカゴ（Young Chicago）」，そしてオハイオ州デイトンでカレン・ハーカー（Karen Harker）の助けを借りながら6歳から14歳までの子供たちによって作られる「USA・キッズ・トゥデイ（USA Kids Today）」などがある[21]。番組が地域タレントの舞台となった最も顕著な例は，2つの新聞の評論家がブロードウェイとオフブロードウェイの演劇作品を批評する「通路の2人（Two on the Aisle）」である。両方とも，マンハッタンケーブルの4つのパブリック・アクセス・チャンネルに出てくる約500人もの個性豊かな登場人物の2人である[22]。

　パブリック・アクセス・テレビにおける奇抜さの多くは，番組のプロデューサーや司会者によるものである。代表的な2人のプロデューサーといえば，「バイオグラフ・デイズ，バイオグラフ・ナイツ（Biograph Days, Biograph Nights）」のプロデューサーであり，出演もしているアイラ・ギャレン（Ira Gallen）と，「グレンドラとおしゃべり（A Chat With Glendora）」のプロデューサーでスターでもあるグレンドラ・ビュエル（Glendora Buell）である。ギャレンの番組は1950年代や1960年代のテレビ番組やコマーシャルに愛情のこもった見解を示す。

30分番組は1週間のうち7日間放送され，熱狂的な人気になっている[23]。「グレンドラとおしゃべり」は，トーク番組というよりも独り芝居であると言われている。ビュエルの番組は毎週放送され，彼女自身の裁判の文書の読み上げや，判事や政治家，法システムを攻撃する内容から成り立っている[24]。

ローナ・ホーキンス（Lorna Hawkins）は，自分自身とそしてその他の人々が悲しみを乗り越えられるように，ロサンゼルスでパブリック・アクセスの番組を制作し始めた。「ドライブバイ・アゴニイ（Drive-by Agony）」は，彼女の息子が車を使った狙撃で殺された後，初めて放送された。3年間この番組を制作・司会した後，彼女のもう1人の息子も彼女の番組や息子の殺人事件とはまったく関係のない偶発的な事件で，ギャングによって狙撃され殺された。彼女の番組は，愛する人を失くした他の人たちに暴力に対する公開討論を提供するのと同時に，彼女が生き続ける助けともなった[25]。

プロデューサーのアート・フェイン（Art Fein）は，1940年代の『ジャンプ・ブルース（jump blues）』，エルビス・プレスリーよって演奏されたロックっぽい音楽，1950年代中間から後半にかけてエルビスのまねをした田舎者などに代表される『ルーツ（roots）・ミュージックと呼ばれるロックンロール文化』について扱った「ポーカーズ・パーティ（Poker's Party）」で，400回以上にわたり司会を務めてきた。彼の番組は，ロサンゼルス，ニューヨーク，そしてテキサス州のオースティンで放送されている[26]。「ワルドロップ・ファミリー・シングス（Waldrop Family Sings）」は，「独特の賛美歌，祈り，インスピレーションの素朴な30分番組」である。この番組は一般家庭で撮影され，カリフォルニア州の東サンフェルナンドバレー，サンタ・クラティカ，ヴェンチュラ郡の一部，アリゾナ州ツーソン，テネシー州ナッシュビルで放送されている。メアリー・エレン（Mary Ellen）とウィル・トレーシー（Will Tracy）は，ロサンゼルスで最も知られているパブリック・アクセス・テレビの番組である「サブリナ・オン（Sabrina On）」を制作している。この番組は，サブリナ（メアリー・エレン）を「女性がどのように性的絶頂感に達するかといったような極めて抽象的なことについて語る」聖職者として描いている[27]。ジョン・クリーン（John Crean）

の「山脈の家で (At Home on the Range)」は，「過去にオレンジ郡ケーブル TV (Orange County cable TV) で番組を見た大学生や社会人がセンセーションを巻き起した料理番組である」。一部は料理で一部はコメディのようなその番組は，バーバラ・ヴェネジア (Barbara Venezia) によって制作・進行されている。観客の前で月に4回ライブ撮影され，10以上ものオレンジ郡のケーブル局で放送されている。そしてロサンゼルスでは，ジョーイ・バッタフッコ (Joey Buttafucco) が「弁護士や社会，裁判制度によって搾り出されてしまった人々の公開討論の場」として表現している30分番組を進行することによって，自分自身のイメージを作り直そうと努力している[28]。

少なくとも2つの，マンハッタン・ネイバーフッド・ネットワーク (Manhattan Neighborhood Network: MTV) の番組は，MTV によって取り上げられている。「スクアート TV (Squirt TV)」は，ベッドに腰掛けた司会者が音楽やニュース，その他の話題について語っている。トーク番組で素人っぽさがウリの「オッドビル TV (Oddville TV)」は，人間ボーリングやラップダンスを踊るおばあちゃんなどを取り上げている[29]。

パブリック・アクセス・テレビの番組は多種多様であり，毎年コミュニティ・メディア連盟 (Alliance for Community Media: ACM) が最も優れたコミュニティ番組を表彰するため，ホームタウン・ビデオフェスティバル (ふるさとビデオフェスティバル) を開催している。パブリック・アクセス・テレビの番組は本当に多種多様なので，フェスティバルは44の違うカテゴリーに分けて番組を選抜している。優勝者は，毎年7月に開かれる ACM 国家会議の恒例の授賞式において，記念の額か証明書が授与される。優勝者の編集テープは毎年，優勝者の番組タイトル一覧と番組の解説，名前，住所などとともに配られる。

論争を巻き起こすような番組

アマチュアの立場かセミプロの立場かにかかわらず，パブリック・アクセスの利用者のほとんどは適切な基準に収まっている。しかし，論争を巻き起こす

ような内容が原因で，地元の視聴者から抗議を受ける番組も少なからずある。このようなカテゴリーに分類される番組は，つまらない，下品である，あるいは論争を巻き起こすような社会的または政治的内容が含まれているといった傾向がある。パブリック・アクセス・テレビのディレクターが問題のある番組についての調査で尋ねられたとき，ほとんどの答えは次のようなタイプに分類された。性や健康に関する教育，とりわけエイズ教育，時事問題の視聴者電話参加型番組，政治的に反主流派の意見を取り上げた番組，特に若者の間の文化的マイノリティーを取り上げた番組，実験的な映像などである[30]。

　これらの中で最も穏やかなものの1つは，文章のみを映し出した1時間番組である。その番組は，アニメの音楽にのせて色や円や四角の柄を背景で変えながら「大麻，大麻，万歳！」と映し出している。視聴者はこの不法な薬物を明白に支持した番組に怒りを覚えた。特に時間帯がまずく，この番組はお昼過ぎに放送されてしまった。しかしながら，パブリック・アクセス・テレビを運営するケーブル会社は，それを芸術的な表現と判断し，「パブリック・アクセスの番組は，極度のわいせつや際どい性描写でない限り，広い表現の自由が許されるべきだ」といい，この作品を弁護した[31]。

　他の論争は，「政治劇場（Political Playhouse）」と呼ばれるシアトルの地元のシリーズ番組で起こった。その目的と内容において「オルタナティブ・ビューズ」ととても似ているこの番組は，制限のない，自由思想の公開討論の場と考えられている。しかし，1994年6月に放送された特別編で，シリーズにおいて2つの事項で通常とは異なってしまった。1つ目は，4時間半と普段と比べてかなり長かったということ。2つ目は，4人を除いて，技術クルーやおよそ15人のキャストを含む参加者が皆，人間の体は本来はいやらしいとする考えを番組で主張してしまったことである。番組が放送されて数分で，地元のTCIケーブルには電話が殺到した。他の街でもいくつかのパブリック・アクセス・テレビによって取り上げられたこの番組は，抗議，批判，論争の嵐にさらされることとなった。同様に，「ゲイ・フェアファックス（Gay Fairfax）」というタイトルのバージニア州の番組は，「際どい性描写」によって，多くの出版物で批判

されることとなった。1995年にノースカロライナ州ラリー（Raleigh）で放送された「ダン・サベージ・アンド・ザ・セックス・キトゥンズ（Dan Savage and the Sex Kittens）」は，他の地域へ旅をして，地元のストリップショーを紹介していた。これらの番組もまた視聴者からの抗議の嵐に巻き込まれることとなった[32]。

　最も悪名高いパブリック・アクセス・テレビの番組の1つは，アリゾナ州ツーソンで制作された視聴者電話参加型生番組「偉大なる悪魔サタン（The Great Satan at Large）」である。1991年に始まったこの番組は，「むき出しの生殖器や出演者の若い女性の胸の愛撫，出演者によるマスターベーション，ヌード，切断や本当か偽せの殺人を映し出した映像，獣姦の議論，司会者や出演者，視聴者によるアナルセックスやオーラルセックスなどが描かれた」。この異常なケースにおいては，プロデューサーは逮捕され，彼の番組は違法な行動が含まれていたということで，後にツーソン・コミュニティ・ケーブル（Tucson Community Cable）から参加停止の処分が下された[33]。

　騒動を引き起こした他の番組といえば，ニューヨークで放送された「病気と過ち（Sick & Wrong）」である。1996年の8月の番組で，司会者は「大きくてぎざぎざの包丁で，生きている3匹の緑色のイグアナの頭を切り落とした」。彼はそれからイグアナの皮をはがし，焼き網で料理した。彼は後に逮捕され，動物への残忍な行為について3つの罪で罰金を払わされた[34]。

　しかし，多くのパブリック・アクセス番組は，上品さの基準を明確に示してはいない。例えば，リーズ対テキサス州訴訟（第2章を参照）において，「インフォセックス（Infosex）」と呼ばれる安全な性行為を教育すべきだと主張しているプロデューサーによって制作された2時間番組では，そのうちの3分間が問題になった。地方裁判所は，番組全体がわいせつであると認定し，控訴裁判所も決定を支持した[35]。

　何も議論になるものは性やみだらなことばかりではない。ミシガン州のグランド・ラピッズ（Grand Rapids）では「私たちの時代のウソ（Lies of Our Times）」と呼ばれるレギュラー番組で，地域や国家，あるいは国際的な問題を扱う主流

メディアの怠慢や不正確さをすっぱ抜いたことが,議論を呼んだ。何度かにわたってその番組のプロデューサーは,ラテンアメリカ人の隠れ場所などを支持したり,アメリカ政府のその地域に対する政策に反応して官僚の行動を妨害することを支持したりしてきた。またバーモント州ミドルバリー(Middlebury)では,「RU486 法律討論(RU486 Legal Forum)」と呼ばれる番組において,アメリカ合衆国における「流産用薬品(abortion pill)」導入の可能性を紹介したり,生殖の権利に対するたくさんの地域の論争を取り上げたりした[36]。

つまらなさやわいせつさ,その他の論争となりうるような問題に加えて,憎しみのスピーチなどもまた地域の視聴者からの抗議の対象となる。第1章でも述べたKKK(クー・クラックス・クラン)の番組「人種と理由(Race and Reason)」は,その憎しみのスピーチというようなカテゴリーの最もよく知られている例である。この番組は,KKKのメンバーがテープのコピーをやり取りし,地域のパブリック・アクセス・テレビセンターに持ち込み,放送させるということでよく知られている。ナチスと白人グループは,他の反ユダヤ人番組と一緒に,シンシナティで彼らの番組を放送した。これらのケースに対するコミュニティからの反応はたいていの場合大きく,そして激しく,しばしばその番組あるいはチャンネル自体の排除の要求にまで達する。しかし,第2章でも示した通り,パブリック・アクセス・テレビは自由な討論の場として認められており,何か違法なことを言ったり表現したりしない限り,その番組は放送される[37]。

論争となるような番組は,すべてのパブリック・アクセス・テレビの番組の1％あるいはそれ以下だが,視聴者や議員などから興味をもたれるのはこのような過激な番組である。ほとんどのパブリック・アクセス・テレビセンターは,彼らが検閲で訴えられたりしないようにテープを事前に見ることはないし,言うまでもなくそのようなことをできる時間もない。しかしながら,ほとんどのセンターでは,プロデューサー個人に,テープの内容に関して責任をもつことを署名させている。もしプロデューサーが内容に成人向けの内容が含まれていると申告した場合,その番組は深夜に放送されるようにスケジュールが組まれる[38]。

メディアの専門家は一般的に，不快な思いを与えるかもしれないような番組に対して最も良い対応は対立番組であると考えている。「人種と理由」が放送された街では，最も効果的な対応は，有色人種をサポートするための国家機関やアメリカのユダヤ人協会，反中傷団体などが作った番組を，KKK の番組の前か後に放送するというものである。

視聴率

パブリック・アクセスにはニールセン視聴率に相当するものはないので，相対的に視聴率を測定できるようなデータはほとんどない。しかし，論争を巻き起こすような番組がパブリック・アクセス・テレビで放送される度に起こる抗議というものが，パブリック・アクセス・テレビが，人々が思っているよりも多くの人たちに見られているという1つの指標になる。現在あるデータのほとんどは，コミュニティ調査から出てきている。1996年2月11日の「ボストン・グローブ（Boston Globe）」のコミュニティ・テレビの成長について述べた記事の中で，ベス・ディレイ（Beth Daley）は「ウィンスロップ・ビジネス・コミュニティ（Winthrop business community）のために行われた市場調査」では，住人の76％がパブリック・アクセス・チャンネルを見ていると報告していた[39]。

1973年以降のいくつかの調査では，パブリック・アクセスへの関心が増していること，視聴率が上がっていることが論証されている。これらの調査を簡略化したものが表3-3である[40]。1985年には，博士論文の研究としてマーガレット・ハーデンバーグ（Margaret Hardenbergh）は，パブリック・アクセス・テレビが，どの程度商用テレビに代わるものとして発展しているのかを判断するために，コネチカット州の4つのパブリック・アクセス・チャンネルのプロデューサー，内容，視聴者を調査した。その結果，程度の違いはあれど，パブリック・アクセス・チャンネルは，常にマスメディアによってカバーされるわけではない内容を扱っている「ミニメディア」として機能していると結論付けられた。その研究では，人口の半分がパブリック・アクセスを見ていて，30％

の人々が特定の番組を思い出すことができ,ほとんどの人が,その内容の面白さからパブリック・アクセスを見ているということがわかった。ハーデンバーグの研究では,皮肉なことに,ユニークな番組制作を制限する要素の1つは,「制作方法の観点から伝統的なスタイルでテレビ番組を制作しなければ」という,多くのプロデューサーが自分自身に与えているプレッシャーであるということがわかった[41]。

1986年にELRAグループによって行われた国家的な調査は,1週間の間にほぼ19％のケーブルテレビ契約者がパブリック・アクセスを見ていることを明らかにした。アトキン（Atkin）とラローズ（LaRose）によると,「しかしながら,コミュニティチャンネルは,BETやC-SPAN,フィナンシャル・ニュー

表3-3：パブリック・アクセス・テレビの認知度に関する調査

場　所	年	回答者数	パブリック・アクセスの認知度(%)	視聴者のパーセンテージ
ニューヨーク市（New York City）	1973	250	30	30*
インディアナ州コロンバス（Columbus, IN）	1974	643	無回答	2*
ニューヨーク州マンハッタン（Manhattan, NY）	1978	400+	50+	33**
マサチューセッツ州ロングメドウ（Longmeadow, MA）	1983	428	94	45**
ウィスコンシン州ミルウォーキー（Milwaukee, WI）	1986	226	51	36*
ノースカロライナ州ラリー（Raleigh, NC）	1988	400	76	58*
カリフォルニア州サクラメント（Sacramento, CA）	1991	408	67	67*

*時々見る　**定期的に見る
出所：Linda K. Fuller, *Community Television in the United States,* Westport, CT : Greenwood Press, 1994, 12-15 ; and David Atkin and Robert LaRose, "Cable Access : Market Concerns Amidst the Marketplace of Ideas," *Journalism Quarterly* 68 (Fall 1991) : 356-58.

ス・ネットワーク（Financial News Network），PTL，SPN などの衛星チャンネルより機能している（表3-4 参照）。それらは，ある程度の時間において，アーツ・アンド・エンターテインメント（Arts and Entertainment），CBN（現ザファミリーチャンネル（The Family Channel）），そしてライフタイム（Lifetime）の業績に匹敵している」と分析している[42]。

1987年に他の博士論文のために行われた調査では，クリストファー・F. ホワイト（Christopher F. White）が，オースティンとテキサスの 425 人のケーブルテレビ加入者に会い，彼らの視聴状況についてインタビューをした。調査された加入者のうち，43％が一般的に視聴率は低いけれどもパブリック・アクセスでいくつかの番組を見ていると答えた。驚くことではないが，パブリック・アクセスの視聴者は，PBS や A&E で放送されている番組も頻繁に見ている。パブリック・アクセスにおいてさらに重要なことは，ホワイトは，パブリッ

表 3-4：ケーブルチャンネルにおける視聴率の比較（1986）

ケーブルチャンネル	パーセンテージ
CNN	61
WTBS	58
ESPN	47
A&E	26
CBN	21
Lifetime	20
PUBLIC ACCESS	14
BET	13
C-SPAN	12
FNN	10
SPN	8
PTL	8

出所：David Atkin and Robert LaRose.

ク・アクセスを視聴している加入者は，そうではない人たちよりもコミュニティへの参加の度合いが高いことを示したということである[43]。

ウエスタン・ミシガン大学（Western Michigan University）で行われたコミュニティ・ケーブル視聴率調査について国立情報センター（National Clearinghouse）が1990年に発行した研究結果によると，3,000万世帯がケーブルテレビのシステムを利用してパブリック・アクセスを見ることができる環境にある。これは，パブリック・アクセスを知っている人の75％に当たるおよそ7,000万人の人が見ることができると言い換えることができる[44]。

パブリック・アクセスの影響力が着々と高まっているという事例証拠もある。ニュージャージー州のケープ・メイ（Cape May）郡の小さなコミュニティでは，学校の過密状態について扱った30分の特別番組が，2週間もの間1日に3回放送され，110万ドルの公債の住民投票にまでつながった。プロデューサーのレノラ・ボニンファンテ（Lenora Boninfante）は，大きな方向転換（55％以上の有権者が投票した）とぎりぎりの住民投票による可決の両方において，番組の功績を信じていた[45]。国中の多数の立候補者は，有名で資金が十分ある現職議員と戦う時には，名前を認知してもらうための要素としてパブリック・アクセスを引き合いに出した。

アトキンとラローズの研究によると，パブリック・アクセス・テレビを見る人々は良い教育を受けてきた人たちであるけれども，パブリック・アクセスのヘビーな視聴者はやはり年配の方や退職者，低所得者などが多い。また，この研究は，ケーブルテレビのサービスにおいて視聴率として成功といえる基準について，2～4％の視聴率ならば良いと考えられており，パブリック・アクセス・チャンネルは視聴率競争において，自分たちの存在を維持できると考えられる。視聴者の視聴率と満足度を基礎にして判断すると，コミュニティチャンネルはケーブルテレビ局で地位を築いているといえる。これらのチャンネルが，基礎的なサービス以上のより良い業績を上げることができるということは，ケーブル経営者に対し自分たちの市場価値を確立することにつながっていくだろう[46]。

結　論

　地域の支持者は，パブリック・アクセス・テレビの成功のために極めて重要な存在である。独立したパブリック・アクセス・テレビのプロデューサーであるクリス・ヒル（Chris Hill）によると，「もし良いパブリック・アクセスがあるならば，それはパブリック・アクセスを公共の重要な資源として見る人々によって作られた草の根的活動の成果である」[47]。パブリック・アクセス・テレビは，まだまだ成長段階にある。パブリック・アクセス・テレビの有効性と質を保証するための主要な責任は，国会や裁判所ではなく，それを供給する地域の人々にある。

　パブリック・アクセス・テレビの将来に対する戦いは，1人ずつ，市民ずつ，コミュニティずつ行われるであろう。各々の地方自治体は自分たち自身のために，地域の非営利のテレビの普及を創造，サポートする価値を見極めていかなくてはいけない。それは，哲学的側面と，経済的側面の2つの側面から行われる戦いである。もしコミュニティとそのリーダーが，市民がテレビ番組を作る手段を供給する意味を納得できなければ，そのコンセプトはうまくいくはずもない。しかし，支持者が政治的支援を集めることができる時でさえ，パブリック・アクセスが生き残り，成長するためには経済的支援が必要である。パブリック・アクセス・テレビのための施設は本来ケーブル会社や地方自治体，教育機関によって設立されるが，しばしば資金は持続可能なレベルにまで達していない。資金が不十分なので，多くのパブリック・アクセス・テレビの組織は，他の資金源を見つける努力を必要としている。

注　　　　　　　　　　　　　　　　　　　　　　　NOTES

1) Bert Briller, "Accent on Access Television," *Television Quarterly* 28, no. 2 (Spring 1996): 51.
2) Anita Sharpe, "Television (A Special Report): What We Watch-Borrowed Time-Public-Access Stations Have a Problem: Cable Companies Don't Want Them

Anymore," *Wall Street Journal*, 9 September 1994, sec. R, 12 ; Ralph Engelman, *Public Radio and Television in America : A Political History*, Thousand Oaks, CA : Sage, 1996, 257, 260. See also Pat Aufderheide, "Cable Television and the Public Interest," *Journal of Communication* 42 (Winter 1992) : 58 ; *Public, Educational, and Government Access on Cable Television Fact Sheet*, Alliance for Community Media, Washington, DC.

3) *Community Media Resource Directory*, Washington, DC Alliance for Community Media, 1994, Appendices A-E ; and *City of Greensboro Cable Task Force Report*, City of Greensboro, NC, September 1992. Unpublished.

4) James Barron, "Cable TV : The Big Picture," New York Times, 10 April 1994, 14.

5) Andy Newman, "More than Television," *New York Times*, 7 January 1996, New Jersey edition, 1.

6) Nancy Polk, "The View from New Haven ; Public Access TV : It's Storer's Money, but Independent Talent," *New York Times*, 1 May 1994, sec. CN, 14 ; "Mission Viejo OKs Cable Channel for Public's Use," *Los Angeles Times*, 1 May 1993, Orange County edition, sec. B, 6 ; and Linda K. Fuller, *Community Television in the United States* : A Sourcebook *on Public, Educational, and Governmental Access*, (Westport, CT : Greenwood Press, 1994), 148.

7) パブリック・アクセス基金についての詳しい分析は第4章参照。

8) Polk.

9) Fuller, 151 ; and Engelman, *Public Radio and Television in America*, 260.

10) Fuller, 149, 164-65.

11) Newman.

12) Beth Daley, "Tuning in Community TV," Boston Sunday Globe, 11 February 1996, North Weekly, 20 ; Fran Silverman, "News and Advice on TV for Haitians in the State," *New York Times*, 19 January 1992, Final edition, sec. CN, 12 ; Doyle Detroit, Westsound Community Access Television, Bremerton, Washington, <DDetroit@aol.com>, Alliance for Community Media Listsery (a national, on-line newsgroup for public access workers, supporters, and advocates), 29 March 1997, 1 : 06 PM ; and Mohammad Karimi, *Iranian Television of Dallas : Cultural Issues, Preservation, and Community Formation*, Master's thesis, University of North Texas, 1997. Unpublished.

13) Tim Russell, Whitewater Community Television, Richmond, Indiana, <jarussel@indiana.edu>, Alliance for Community Media Listsery (a national, on-line newsgroup for public access workers, supporters, and advocates), 31 March 1997, 12 : 06 PM.

14) Jane Gross, "Using Cable TV to Get Child Support," *New York Times*, 14 November 1993, Final edition, sec. 1, 20.

15) Diane Ketcham, "Long Island Journal," *New York Times*, 23 September 1990, Final

edition, sec. LI, 12.
16) John Kotarski, "Reporting Election Results Online," *The American City and County, Pittsfield* 113, no. 5 (May 1998) : 8 ; Raymond Hernandez, "Albany on the Air : Politically Savvy and Cable-Ready," New York Times, 20 June 1996, sec. B, 1 ; and Theresa Young, "Public Access Reaching the Community through Cable TV," FBI *Law Enforcement Bulletin* 66, no. 6 (June 1997) : 20-27.
17) Deborah Vinsel, "Community People, Community Access," *Community Media Review* 19, no. 4 (1996) : 9, 12, 13.
18) Allan Johnson, "Television's Fringe Has its Say on Cable Access," *Chicago Tribune*, 6 December 1996, sec. 2, 1,6.
19) Johnson ; Briller.
20) Briller.
21) Vinsel ; Johnson.
22) Andrew Jacobs, "The Howard Stern of Cable," *New York Times*, 15 December 1996, 8CU ; and Charles Gross, "Two on the Aisle : They're Public Access TV, Taking their *Camcorder* to Broadway Shows," Camcorder 13, no. 8 (August 1997) : 94-98.
23) Ron Alexander and Ira Gallen, "Past Creates Wave of TV Nostalgia," *New York Times*, 2 August 1990, Final edition, sec. C, 1.
24) Susan Harris, "L.I. Cable Company Ordered to Restore a Public-Access Program," *New York Times*, 14 August 1994, Final edition, sec. 1, 44.
25) Jesse Katz, "New Episode of Tragedy Strikes a Mother's Crusade," *Los Angeles Times*, 4 April 1992, Home edition, sec. A, 1.
26) Bob Baker, "Poker Party's Freewheeling Ace," *Los Angeles Times*, 27 October 1992, Home edition, sec. F, 9.
27) Scott Harris, "They Watch their Television Religiously," *Los Angeles Times*, 2 May 1993, Valley edition, sec. B, 1.
28) Jim Washburn, "Crean's World ; Spiders in the Salad! Towels Aflame! This is Cooking-on Local Cable, of Course," *Los Angeles Times*, 25 May 1993, Home edition, sec. E, 1 ; and Rene Chun, "Here's Joey!" *New York* 31, no. 18 (11 May 1998) : 34.
29) Neil Strauss, "At 18, the 'Squirt TV' Guy Resumes his Pop-Scene Assault," *New York Times*, 9 September 1997, sec. C, 9 ; and Jim McConville, "MTV Makes 'Odd' Talk Choice," *Electronic Media* 16, no. 7 (10 February 1997) : 8.
30) Patricia Aufderheide, "Underground Cable : A Survey of Public Access Programming," *Afterimage* (Summer 1994) : 5-6.
31) James Maiella, Jr., "Marijuana Message on Public Access Cable TV Ignites Viewer's Outrage," *Los Angeles Times*, 13 November 1993, Home edition, sec. A, 28.
32) Barbara Dority, "Taking the Public Access out of Public Access," *The Humanist* 54,

no. 6 (November 1994) : 37 ; Aufderheide, "Underground Cable," 5-6 ; and Jane Smith, "The People's Channel," *Independent Weekly*, 16 November 1995,21.
33) Fuller, 101.
34) Norman Vanamee, "Eat Drink Man Lizard," *New York* (11 November 1996) : 20,22.
35) "Public Access Cable Show Obscenity Convictions Upheld : Court 'Safe-Sex' Video not Educational," *News Media and the Law* 20, no. 1 (Winter 1996) : 38 ; and W. Bernard Lukenbill, "Eroticized, AIDs-HIV Information on Public-Access Television : A Study of Obscenity, State Censorship and Cultural Resistance," *AIDS Education and Prevention* 10, no. 3 (1998) : 230. The U.S. Supreme Court refused to hear the case ; therefore the Appeals Court ruling stands.
36) Aufderheide, "Underground Cable," 5-6.
37) Mark D. Harmon, "Hate Groups and Cable Public Access ; " *Journal of Mass Media* Ethics 6, No. 3 (1991) : 148-50.
38) Sharon B. Ingraham, "Access Channels : The Problem is Prejudice," *Multichannel News* 12, no. 37 (16 September 1991) : 43 ; Aufderheide, "Underground Cable," 6.
39) Daley.
40) Linda K. Fuller, 12-15 ; and David Atkin and Robert LaRose, "Cable Access : Market Concerns Amidst the Marketplace of Ideas," *Journalism Quarterly* 68 (Fall 1991) : 356-58.
41) Margaret B. Hardenbergh, "Promise versus Performance : A Case Study of Four Public Access Channels in Connecticut, (Ph.D. diss., New York University, 1985), 1.
42) Atkin and LaRose, 356-58.
43) Christopher F. White, "Eye on the Sparrow : Community Access Television in Austin, Texas," (Ph.D. diss., The University of Texas at Austin, 1988), 1.
44) Nicholson.
45) Newman, "More than Television," *New York Times*, 7 January 1996, New Jersey edition, 10.
46) Atkin and LaRose, 361.
47) Rick Szykowny, "The Threat of Public Access : An Interview with Chris Hill and Brian Springer," *The Humanist* 54 (1994) : 23.

第 4 章

現在の資金源,資金繰りの方法,そして課題

1960年代後半から，パブリック・アクセス・テレビは様々な方法で資金的に援助されてきた。バージニア州のデイルシティの青年商工会議所が，ケーブルテレビ局が用意したチャンネルで，初のパブリック・アクセス・テレビセンターを運営した。第1章にある通り，このパブリック・アクセス・テレビの実験は，十分な資金と機材が不足したことが原因で終了してしまった。この一般的に資金不足という状態は，全米のパブリック・アクセス・テレビ運動に，ずっと不安定さを与え続けてきた。

資　金　源

　パブリック・アクセス・テレビに対する主な資金源は基本的に，フランチャイズ認可料金，ケーブル会社からの助成金，地方自治体からの助成金，またはこれらいずれかの組み合わせで成り立っている。資金供給の方法は，地方自治体がケーブル会社との間で交わすフランチャイズに関する協定によって決まる。ほとんどのパブリック・アクセス・テレビ機関にとって，個人，公益法人，そして企業からの寄付金は，大変小さな割合でしかない。

　現在，アメリカには，3万4,000のコミュニティで1万1,800のケーブルシステムが稼動中である。およそ6,500万の家庭がケーブル会社と契約を結んでおり，これは推定1億6,500万人，つまりはテレビをもつ家庭の65％の割合を占めることになる。「1984年ケーブル（コミュニケーション政策）法」は各地方自治体に，その地区にケーブルテレビのサービスを提供する会社との間でフランチャイズ協定を結ぶことを許可している。コミュニケーション法541項は，ケーブル会社がその総収益の5％を上限として，ケーブル敷設のために公道を使用する料金を地方自治体に支払うことを認めている[1]。

　連邦政府がケーブルテレビを規制し始めて以来，「フランチャイズ認可料金」は6つの基本的な根拠をもってきた。

　①　歳入の増加――税率を上げずに地方自治体の資金を増やせる。

② 使用料——ケーブル運用者（ケーブル会社）が，ケーブルを敷設するために公道を使用する料金。
③ 独占権——地方自治体は，ケーブル会社がケーブル放送における事実上の独占状態の維持を助けている。
④ 多様性—— PEG（パブリック，教育，行政）放送の存在によって多様性を奨励することは，市民の利益（公益）につながる。
⑤ 利益—— PEG 放送を設けることによって，ケーブル会社は広報宣伝の面で利益を享受することができる。
⑥ 規制——ケーブル会社は，自治体がケーブルを規制する業務で生じる諸経費を払わなくてはならない，例えばコンサルタントや監督官，査察官などに関わる経費[2]。

フランチャイズ認可料金を求める上で最も多用される理論的根拠は，②の「使用料」である。しかし，多くのパブリック・アクセス・テレビの支持者は，④の「多様性」と⑤の「利益」の理論的根拠もまた有効であると信じている。ほとんどの自治体幹部は，①の「歳入の増加」が，最も彼らを動機付けるとは認めていない。しかし，聞き取り事例調査によれば，この①の「歳入の増加」が，多くの自治体で1つの重要な要因となることを示している。

1984年以前にも，地方自治体は3％までのフランチャイズ認可料金を課することができた，そして，あと2％をそれがパブリック・アクセス・テレビに対して使われる限り課することができた。しかし，1984年のケーブル法は，約款なしでフランチャイズ認可料金の上限を5％まで引き上げることを認めた。多くの都市において，その5％のフランチャイズ認可料金は地方自治体の一般財源に組み込まれ，その一部がパブリック・アクセス・テレビの資金に回される[3]。

コミュニケーション法542項の(F)には，「ケーブル運用者は，契約者に対する請求書の中で，フランチャイズ認可料金となる部分を別項目として明記することができる」と書かれている[4]。この文章の中で鍵となる言葉は「すること

ができる」である。ケーブル会社は，「することができる」のであって，「しなければならない」ではないのである。多くの地域で，これは主張のぶつかり合いとなる。多くのケーブル会社はフランチャイズ認可料金を請求書に別記している。そのため契約者はケーブル料金を払う際，毎回この表記を目にすることになる。地方自治体は多くの場合，このフランチャイズ認可料金が別記されることを嫌う。どのようにフランチャイズ認可料金が意味付けされ，どのように料金が徴収されるかは，パブリック・アクセス・テレビに対する態度や考え方に深い影響を与える。フランチャイズ認可料金を請求書に別記すると，顧客はそれを税金のように考える傾向がある。このフランチャイズ認可料金の記載を省略してしまうと注意を引かなくなり，他のケーブルサービス料金の中に入ってしまうため，税金としてではなくサービスの一部として知覚されるようになる。多くの投票者にとって，税金は呪いのようなものであるため，この記載方法の違いは，ただの知覚であったとしても，重要なものであるのだ。

　ケーブル会社は，フランチャイズ認可料金はビジネスをする上での追加の費用であり，それはそのまま単純に契約者の負担となると見なしている。逆に，地方自治体は一般的に，フランチャイズ認可料金について，ケーブル会社がビジネスをする上での通常の必要経費だと考えている。パブリック・アクセス・テレビの機関にとって，フランチャイズ認可料金から発生する資金，そしてその資金を市民がどのように認識するかが，「資金供給を受けている」，「受けているが足りない」，あるいは，「まったく受けていない」という認識の違いにつながるのである。

　パブリック・アクセス・テレビの財源を潤すもう1つの財源は，ケーブル会社からの資金供給である。この場合，フランチャイズ認可料金は全額が地方自治体の一般財源に行くが，ケーブル会社は追加する形で，パブリック・アクセス・テレビ機関へ運営費と維持費のための資金を供給する。この追加資金はフランチャイズ契約時に取り交わされるもので，パブリック・アクセス・テレビセンターに直接支払われたり，地方自治体に支払われた後に各パブリック・アクセス・テレビセンターに配布される[5]。基本的に3ヵ月ごとに渡される。

パブリック・アクセス・テレビセンターの3つ目の財源は，地方自治体からのものだ。もし事実上，地方自治体がパブリック・アクセス・テレビセンターを運営している場合，パブリック・アクセス・テレビセンターの運営・維持費は地方自治体の運営・維持費の一部である。他の事例では，NPOが自治体の資金援助を受けながら，パブリック・アクセス・テレビを運営しているものもある。他にも，NPOがパブリック・アクセス・テレビセンターを運営する事例はあるが，主たる資金援助をケーブル会社から受けていて，補助的な資金を地方自治体から受け取っている。地方自治体がパブリック・アクセス・テレビセンターの全運営費を負担するということは極めて稀である[6]。

しかし，パブリック・アクセス・テレビセンターがどんな資金繰りの方法を採ろうとも，目下のところ多くのセンターは慢性的な赤字となっている。様々なパブリック・アクセス・テレビが，様々な方法で採算がとれるように努力して来たし，長期的な基金の必要性を主張してきた。多くのパブリック・アクセス・テレビで最もお金がかかる部分は，人件費（活動，トレーニング，そして管理業務）と機材（新規購入，メンテナンス，そして買い替え）である。

パブリック・アクセス・テレビが直面する資金集めの課題

パブリック・アクセス・テレビは，資金集めに関連して，ある独特の課題に直面している。パブリック・アクセス・テレビは，社会変革あるいは社会運動団体というジャンルに分類される。そのジャンルの団体は，個人からの寄付の5％以下，基金財団からの寄付の1％しか魅き付けないと言われている。社会福祉，医療，環境保護の運動家に比べれば，パブリック・アクセス・テレビの運動家は，自分たちの活動を説明するのが大変難しい。他の組織は，貧困，病気，絶滅危惧種といった現実のイメージによって，彼らの活動意義を裏付けることができる。しかし，パブリック・アクセス・テレビの主張は，発言の自由やコミュニティ，デモクラシーや正義といった抽象的な概念の喚起に頼っているのである[7]。

パブリック・アクセス・テレビの活動は，人がついついお金を出したくなるような感情を簡単には引き出せない。人の心に訴える心温まるエピソードもなければ，致命的な問題にするほど差し迫った危機もない。マスメディアの経営権の集中によってメディア・コントロールが起きつつあるという危機は，早急に議論されるべきである。しかし，主流のマスメディアが，この議論を発展させていくことはない。結果として，アメリカ国民の大部分は，これらの状態を生活への脅威としては認識していない。パブリック・アクセス・テレビが，資金を効果的に集めるためには，しっかりしたヴィジョンと哲学をもち，そしてその視点を共有できる視聴者を集めなければならない。この点において，パブリック・アクセス・テレビは，左翼的には「Public Citizen」や「People for the American Way」，右翼的には「クリスチャン連合（Christian Coalition）」や「Moral Majority」と似ている[8]。

このため，資金集めの様式においては，パブリック・アクセス・テレビは社会変革あるいは社会運動団体のカテゴリーに入るのである[9]。これらの組織は，社会に巣食う問題の原因を明らかにする活動を行い，そうした社会の病気を治すことを主張している。こうした活動の場合，なぜそれをするのかという動機の部分は，どちらかというと複雑で微妙だ。そこで得られる利益は，赤十字やユナイテッド・ウェイ（United Way）のそれよりも見えにくく，また表面化するまでに時間がかかる。寄付する者は，言論の自由，地方自治，メディア・リテラシー教育，そして民主主義のプロセスにおける市民参加に関して強い思いをもっていなければならない。これらのことに尽力する人は，社会変革を強く望んでいるものと思われる。

またパブリック・アクセス・テレビには，抽象的なコンセプトと結果が出るまでに時間がかかることに加えて，資金集めの障害となるものが，あと2つある。1つ目は，1つのコミュニティ内ですべての者に発言させるという宿命である。つまりはオープンであることによって生じる諸刃の剣である。全国的または地域的にわいせつや下品と判断されない限り，パブリック・アクセスの経営者が，チャンネルの上に放送される彼らのメッセージと映像に不当な介入を

行うことは許可されていない。パブリック・アクセス・テレビと同じく資金繰りの問題がある米国自由人権協会（American Civil Liberties Union：ACLU）のように，パブリック・アクセス・テレビも自らの原則に縛られ落ち込んでいる。例えばACLUは，一時的にユダヤ教徒からの支持率が下がった。それはネオ・ナチの発言の自由を擁護したからである。同じようにパブリック・アクセス・テレビは，放送される少数の不快で無礼で攻撃的な番組によって，世論の批判にさらされるのである。

　2つ目の障害は，コミュニケーションや放送の分野においては，市場の力はテレビ番組制作の需要に応えるようにできていて，利潤のために競争することがスポンサーの獲得につながり，それがより良い発言権やエンターテインメントを生み出すものと認識されていることだ。人々が社会的要求について考えるとき，人々は自らの金が必要とされている場所としてメディアを認識することはない。この前提に反する例として，パブリック・ラジオとパブリック・テレビ（公営ラジオ・公共テレビ）がある。それらはパブリック・アクセス・テレビの資金調達に最高のモデルを提供する。

　過去において，公共ラジオも公共テレビも，かなり政府からの支援を受けてきたが，両者とも公共部門からの基金の大幅な削減に影響を受け，前にも増して個人や企業など民間からの資金提供に頼らざるを得なくなった。パブリック・ラジオやパブリック・テレビは，もし彼らのところに流れなければパブリック・アクセス・テレビに流れていたであろう資金を受け取っているという意味では，パブリック・アクセス・テレビの主要な競争相手であろう。しかしながら，競争がどうであれ，これらの放送局（公共放送もパブリック・アクセス・テレビも）は，他の非営利団体に備わっていない大きな利点を共通してもっている。それはラジオやテレビを通じて市民と直接つながることができることである。熱心なメディア批判者が多く存在するアメリカにおいて，テレビは世論や市民の行動に影響を与えることができる唯一無二のツールなのである。

　しかし，ケーブルテレビ契約者との間で電子的にリビングルームにつながっているものの，資金調達においては，大半のパブリック・アクセス・テレビセ

ンターにとって辛い試練である。実際，ケーブル会社からのフランチャイズ認可料金や，ケーブル会社が自治体との間に結んだフランチャイズ協定からの配分がなければ，多くのパブリック・アクセス・テレビセンターは生き残ることはできない。パブリック・アクセス・テレビの支援者はどうしても，そのパブリック・アクセス・テレビセンターが放送サービスを行うコミュニティに繰り出し，資金援助を得るために，他のNPOと競い合わなくてはならない。この努力が成功するかどうかは，コミュニティに住む様々な人々にパブリック・アクセス・テレビがいかに彼らの役に立つかを説得する能力に左右される。

パブリック・アクセス・テレビ運営の資金調達源

　表4-1は，パブリック・アクセス・テレビの様々な資金源，資金調達方法，贈与を示したものである。ほとんどのNPO団体において，資金調達のおよそ90％は，個人からのものである。長期的に成功しているいくつかのパブリック・アクセス・テレビセンターは，かなり大きな額の個人的な寄付で成り立っている。他では，フランチャイズ認可料金が，資金調達の中心的な資金源である[10]。

　パブリック・アクセス・テレビの目的は，コミュニティを創造し，人々に力を与え，人々に意見表明を奨励し，そして社会変革を促進することにある。資金調達を個人に注目して行うことによって，パブリック・アクセス・テレビセンターはその目的の実現に向かうことになる。財政的な援助をすることを通してだけでなく，資金調達活動の過程そのものにおいても，パブリック・アクセス・テレビの目的の実現を助けることができる。資金調達活動に人々の助けを得ることで，コミュニティを創造することができ，(市民による)公開講演は促進されるだろう。また，人々が時間とお金を割いてくれるよう促すことにより，人々は(発言)力を与えられることだろう，そして社会変革に役立つ環境が育成されるだろう[11]。

　資金調達方法には，年1回の大規模なキャンペーン，計画的贈与，業務収益，

第4章 現在の資金源，資金繰りの方法，そして課題

表4-1：パブリック・アクセス・テレビセンターの資金調達源
（訳者注：金だけでなく物や労働力も含む）

資金源	手 段	形 態
個人から	年次（Annual）	新規会員
		会員権更新
		会員の再加入
		追加寄付（Additional gift）
		アップグレードされた寄付（Upgraded gift）
	資本（Capital）	主要な寄付金（Major gift）
		財産
	計画された寄付（Planned giving）	遺産贈与
		合同収益金（Pooled income fund）
		慈善目的信託（Charitable remainder trust）
	得られた収入（Earned income）	特別なイベント
		賭博（Gaming）
		マーチャンダイジング
	親切心（In-kind）	物をオークションに出す
		ボランティアサービス
企業から	署名寄付（Underwriting）	番組
		支払われる公共広告（PSA）の引き受け
		番組基金
		計画運営（Run-of-schedule）
	イベント	スポンサー
		参加者
	助成金（Grants）	所属組織からの助成金
		法人会員資格
		助成金申請
		プロジェクト資金提供者
		Employee Matching Gifts
	親切心（In-kind）	景品/オークションに物を出す
		経営指導
		備品/供給品
		広告スペース
	得られた収入	プロダクション業
		共同ベンチャー
基金から	非規制	一般的なサポート
	規制された	特定のプロジェクト
政府から	連邦から	直接的な機関：NTIA（National Telecommunications and Information Administration：米国電気通信情報庁），NEA（National Education Association：全米教育協会），NEH（National Environmental Health Association：国立環境衛生協会）
	州から	
	地域から	

出所：Alliance for Communtiy Media（コミュニティ・メディア連盟），Washington, D.C.

結合基金，現物寄付，特定の番組への寄付，特別なイベント，そして助成金への申請，が含まれる。これらの方法は，基本的な会費から主要な贈り物と寄付まで様々なタイプの基金を取得するのに活用できる。

　資金を得る2つのタイプが，特にパブリック・アクセス・テレビに合っており注目される。1つ目は，特定の番組への寄付。個人，グループ，および企業がパブリック・アクセス・テレビの番組のスポンサーになるという形で，資金を提供するタイプのものだ。特定の番組か時間帯のスポンサーになるのと引き換えに，番組の開始時か終了時に企業のクレジットが入れられる。あるいは，特定の放送時間帯に，何度かクレジットがアナウンスされる。このタイプの資金供与は公共ラジオや公共テレビで頻繁に使われていて，最近パブリック・アクセス・テレビでも利用され始めたところだ。2つ目は，会員資格で，これはどのパブリック・アクセス・テレビセンターにとっても，重要な資金調達方法である。組織の施設や設備を使用する者をみんな会員にするか，または会員になることを必要条件とするかによって，資金調達だけでなく，人々を「利害関係者」にできる。利害関係者とは組織の使命を信じ，その使命の達成に貢献することを受け入れる者のことである。パブリック・アクセス・テレビセンターは，彼らの組織と関係をもつ者すべてを「利害関係者」にする必要がある。そして，そのためには彼らにパブリック・アクセス・テレビを紹介し，教育し，会員や番組制作者として積極的に活動することを促し，彼らに貢献するように，そして，貢献し続けるように促す必要がある[12]。

　パブリック・アクセス・テレビセンターが資金調達について考え始めるならば，まず現在の資金源に基づいて，様々な資金調達の方法を評価しなければならない。可能な資金調達方法の評価基準は，その方法がどのくらいの時間を必要とするのか，何人の人間が必要なのか，どれくらいのコストがかかるのか，そして，どのくらいの金を調達できると予想できるのか，を含んでいる。よく聞かれる質問は，以下の通りである。何か特別な知識は必要か？　受け取った基金は何らかの形で組織を束縛するのか？　資金源は安定しているか？（資金調達をすることで）起こりうる最悪の事態は何か？（資金調達をすることで）起こ

りうる最良のことは何か？　資金調達のコーディネーターは，選択された資金調達方法が彼らの組織にとって正しいのかどうかを見極めるために，これらの質問に正直に答えるべきである[13]。

資金調達に関する調査

　文章を補うため，そして，この資金問題と戦って打ち勝つためにどのようなテクニックがパブリック・アクセス・テレビセンターで採用されているかを確かめるため，全米 999 のパブリック (P)，教育 (E)，自治体 (G)，つまりは PEG 局に調査用質問紙を郵送した（質問紙と表文に関しては，付録 1 を参照）[14]。3 ページにわたる調査用質問紙は，Alliance for Community Media（コミュニティ・メディア連盟）の Community Media Resource Directory (CMRD) の最新刊（1994 年版）に載っていた全 PEG 局に送られた。また，調査用質問紙は，Alliance for Community Media のリストサーブ（メーリングリストの一種）で回された[15]。

　調査は，パブリック・アクセス・テレビセンターが実行している資金調達活動タイプの情報を引き出すように設計され，以下の質問を含んでいた。

① 最も成功した資金調達活動を教えてください。
② 何か他に収入を発生させるような活動があれば記載してください。
③ おおよその年間予算は？
④ どのような資金源から供与を受けていますか，そしてその資金源は各々，年間予算の何％を占めていますか？
⑤ 資金を受けることで，番組制作にどのような影響がありましたか？　ここ数年間で番組制作に目に見える変化はありましたか，またそれは資金調達方法の変化によって引き起こされたものですか？
⑥ 資金調達と予算で直面している問題はありますか？　もしありましたら記載してください。
⑦ どのようなタイプの番組をケーブル放送していますか？　そして，番組編成全体で見た場合，各々のタイプはどれぐらいの％を占めていますか？

⑧　あなたのケーブルシステムには，現在，何人の加入者がいますか？
⑨　何人の活動的な番組制作者があなたのセンターには在籍していますか？
⑩　週に何時間ケーブルに番組を流していますか？　また，地域で制作される番組はそのうちの何時間ですか？
⑪　どのように視聴者と番組制作者を生み出していますか？
⑫　以上の質問では聞かなかったけれど，ぜひ伝えておきたいと思うことはありませんか？

　質問は，前提を避け，回答者に何らの制限を設けない自由記述形式をとった。また，誘導や回答を促進するようなことをせず，各々の質問項目に，回答者が自由に答えることができるような方法を使用した[16]。
　有効な回答が50通（と住所不明で返信された6通）で，返答率（回答率）は5％であった。回答率はわずかだったが，収集された情報は，パブリック・アクセス・テレビセンターの資金調達方法の概要を初めて明らかにする貴重なものとなった。以下の分析と議論が示すように，様々なアイデアが実行されている状態で，パブリック・アクセス・テレビのための計画された資金調達は定着しつつある。ただ，資金調達が不要であると考える管理者も少数ながらいた。調査回答と聞き取り調査によれば，補充的に資金調達活動をしようとしない管理者は，フランチャイズ協定で収入が満たされているか，あるいは活動が名目上のみであるということが明白であった（調査の生データは，付録1を参照）。

資金調達活動

　回答方法に制限を設けなかったため，回答された文章をつなぎ合わせ，グループに分けなくてはならなかった。質問①と質問②の「最も成功した資金調達活動を教えてください」と「何か他に収入を発生させるような活動があれば記載してください」は，この調査の目的に合わせるためにつなぎ合わせた。質問①と②（の回答）から，パブリック・アクセス・テレビセンターが行っている

表4-2：パブリック・アクセス・テレビの資金調達方法と割合

資金調達の方法	%
得られた収入（Earned income）	34
寄付（Donations）	34
イベント	26
署名寄付（Underwriting）	22
助成金（Grants）	6
資本金キャンペーン（Capital campaign）	2

資金調達の種類がわかるだけでなく，資金調達活動そのものをやっているか否かもわかる。50の回答のうち，24は何らかの形で資金調達をしていると答えた。パブリック・アクセス・テレビセンターが行っている資金調達方法のリストが表4-2で示されている。

いくつかのパブリック・アクセス・テレビセンターは，何通りかの資金獲得の方法を報告した。得られた収入（業務収益，earned income）には，売ったグッズや提供したサービスで得られたお金も含まれる。一番主要な資金調達方法は，メンバーの会費である。多くのパブリック・アクセス・テレビセンターは，その施設や設備を使いたい者に組織の会員となることを義務付けている。例えば，ノースカロライナのグリーンズボロでは，個人に対しての会費は35ドル/年，NPOは50ドル/年，ビジネス（利益の絡むもの）は200ドル/年である。個人とNPOは，グリーンズボロ・コミュニティ・テレビセンターに対するボランティアサービスをすることで，会費が免除される。別の方法は，ワークショップとクラス受講を課すことで収入を得ることである。施設か設備を使用するためには，その使用方法に精通していることを示すか，クラスを受講してテストに合格しなければならない。場合によっては個人やNPOは，ボランティアで協力する時間分を，クラスの受講費やワークショップの参加費に換えることができる。多くのパブリック・アクセス・テレビセンターは，利用者への便宜を

131

図るという名目で，番組をダビングする料金をもらうとともに新品のビデオテープを購入してもらう。いくつかのパブリック・アクセス・テレビセンターは，広くアピールできるイベントについては，ビデオで記録し，そのテープをダビングして売っている。このイベントには，スポーツや卒業式，コンサート，プロム（主に高校の卒業のときに開催されるダンスパーティー），高校3年生の卒業記念ビデオ，そしてパレードが含まれる。あるセンターにおいては，彼らの町の1957年当時のフィルムを手に入れることに成功し，売りさばくことができた。他には，寄付を募るために，地元の住民の伝記を制作している。2つのパブリック・アクセス・テレビセンターは，有料で，個人や組織体のための番組制作を持ち掛けていると回答した。いくつかのセンターでは，ニュースレターの中に広告を入れて課金している。またいくつかのセンターは，インターネット環境を提供する。1つのセンターでは，ホリデーメッセージ（ビデオレター）をスタジオで撮影し，1回ごとに寄付を募っている。メッセージはつなげられ，そのホリデー（祝日）までの間の1週間，24時間ずっと流れ続ける。それほど一般的ではないものの，1つのパブリック・アクセス・テレビセンターでは，施設を使用する際には，番組制作者に登録料20ドルを課金し，その後52ドル/年を課金している。他には，スタジオ使用や編集作業にかかった「時間」で課金しているセンターもあった[17]。一般的には，非会員のみ施設や設備の使用の際に課金される。多くのセンターは同時に，PR用のTシャツやマグカップやバンパーステッカーを売っている。また，別の1つのセンターでは古くなった機材を売ることによって資金調達をしたと回答した。地域のミュージックフェスティバルの際，パブリック・アクセス・テレビセンターが，場内売場の使用権販売作業にボランティアを派遣したところ，フェスティバルの主催者がその売り上げの一部をセンターに寄付したというケースもあった。

　もう1つのパブリック・アクセス・テレビの重要な資金源は，私的な寄付金である。寄付を得る方法は，地元の企業，地元の組織体，社会福祉団体，および教会に，一般的な寄付を募ったり，ある特別なプロジェクトを支援してもらったりすることである。例えば地方自治体の公営駐車場の「parking day」での

売り上げを受け取る。大口献金者キャンペーン。ケーブル加入者が毎月のケーブル請求書から1ドルを寄付できる「天引きキャンペーン」。イベント時の福引の景品などに加えて，舞台・スタジオ背景の会社やフラワーアレンジメントの会社，ビデオテープ関連会社等からの現物での寄付。United Way Donor Option Campaigns（全米に支部をもつ，募金を各NPOに分配するボランティア団体のキャンペーン）。請求書に同封することでケーブル視聴者に直接訴える。チャンネルを通じて懇願──番組制作者の友人や親族に制作費の面で助けて欲しいとアピールする。そして，地元のレストランにボランティアの番組制作者のために食事を提供してくれないかとお願いする，などである。

　資金調達のもう1つの方法は，イベントのスポンサーを務めることである。一般的に，パブリック・アクセス・テレビセンターは，イベントは，業務による収益や寄付金を募ったりすることよりもうまくいかないし，たいていの場合，大変な努力が必要となることをわかっている。調査の中で報告されたイベントには，8時間にわたる地元の芸能人による長時間生放送，ウォークラリー，地域の劇場での慈善公演，ガレージセール，有名人を呼んでのレセプション，資金調達番組，テレビオークション，コンサートシリーズ放送，16人編成オーケストラつきの高齢者向け舞踏会，少年少女のバスケットボール・レスリング・ソフトボールおよびミニゴルフの大会，賞の授与式，10周年記念パーティー，オークションやエンターテインメントを含む，他のNPO団体と協力して行った26時間テレビ（人口3,000人の町の全住民にパブリック・アクセス・テレビを支援するためにケーブルの請求書に1ドルずつ上乗せしてくれるように電話で頼んだ電話キャンペーン）がある。このキャンペーンは1年間で1万4,000ドルも調達することができた。

　表彰イベントと10周年のパーティーを行ったと報告した回答者は，結局両方のイベントでお金を損してしまったと書いている。いくつかのイベントは毎年予定されていたが，あるものは1度だけしか行われなかった。1人の回答者は，彼らの行ったイベントのどれも（ガレージセール，有名人を呼んだレセプション，そしてテニス大会）が「楽しかったが疲れて，電話をかけることのほうがよ

っぽど儲かった」というコメントをよこした。

「underwriting（署名寄付）」は，ある組織がある特定の番組に資金援助を行うスポンサー契約である。いくつかのケースでは，パブリック・アクセス・テレビセンターが，ある特定の番組に対しスポンサーを募集するという場合もあるが，基本的には特定の番組の番組制作者がスポンサーを募集する。支援する代わりに，スポンサーの名前（クレジット）が番組内に出てくることになっている。多くのパブリック・アクセス・テレビセンターは，「underwriting」に関する彼ら自身の方針を公式化するために，PBSが近年開発した方針を中心に使用している。さらに，数人の回答者はスポンサー料金という形での「underwriting」（または，スポンサーシップ），および掲示板のスポンサーシップも挙げた。「underwriting」は個人，組織，および企業に対して請求される。

助成金を資金調達の方法として挙げたセンターはわずかであった。1つの例として，番組制作者が，申請に必要な非営利の仲介としてパブリック・アクセス・テレビセンターの名前を使って助成金に申し込んだ。この場合，パブリック・アクセス・テレビセンターは10％の仲介料を受け取った。また，その同じ組織は，4つの教育に関する生放送番組を制作するために，直に2万4,000ドルの助成金を受け取った。

資本キャンペーン（capital campaign）をしたと答えたパブリック・アクセス・テレビセンターは1つしかなかった。そのセンターは新しいビルのために120万ドルを集めることに成功した。このセンターは資金調達に素晴らしい成功を収めた。その理由は主として，センターの役員が活動的で，彼個人がコミュニティと深いつながりがあったためだ。

資金調達のインパクト

質問⑤の「資金を受けることで，番組制作にどのような影響がありましたか？ ここ数年間で番組制作に目に見える変化はありましたか，またそれは資金調達方法の変化によって引き起こされたものですか？」に対して，回答者は

表4-3：資金調達がパブリック・アクセス・テレビにもたらす影響と割合

影響の種類	%
より多くの資金がより良い番組を作る	18
より多くの資金がより良い備品をもたらす	8
否定的な意見（基本的に）	8
政治的な影響	6
スタッフへのストレス	4
影響なし	4
肯定的な意見（基本的に）	2

資金調達の番組編成に与える影響は少ないと述べている。答えは6つのカテゴリーに分けられた。資金源が増えればより良い番組ができる。資金源が増えれば良い機材が揃う。基本的に否定的。地域の選挙で選ばれた人たちからの政治的影響。従業員に増したストレス。基本的に肯定的（詳しくは表4-3を参照）。

　全体的に，番組編成に対する資金調達の影響は良い影響があったとする肯定的な意見が多く，またその説明が細かい。1つの特定されていない肯定的なコメントとして，ケーブルの加入者が増えるに従い，彼らの基金が増加し，それが予算に明白に良い効果をもたらしたとあった。他の肯定的な意見としては，資金源が増えるにつれて，良い機材が手に入り，それが良い番組制作につながった。予想通り，パブリック・アクセス・テレビの使用者は，より多くの資金があればより多くのことができると答えた。ある回答者はこう述べた「資金増加は，私たちの番組制作に使っている機材とセットの品質を大きく進歩させてくれた。目に見える違いは，制作される番組数が増えたこと，設備利用率の増加，より良い品質のビデオと編集技術，より良いオーディオ，より強くなった局のシグナル出力，生放送の制作能力，衛星通信を受け取る能力，増えた放送される番組の数，などである」。これが資金調達に肯定的な意見のトーンである。否定的なものは，この議論と同じものを「不足したら」ということで話し

た。つまり，資金が減れば機材が減り，すなわち良い番組が作れなくなる。1人はこう答えた。「資金が必要最小限しかない場合，必要な電子機器が揃わない。たいてい，今年はこれだけ，来年はこれだけ，とバラバラに購入することになる。そのため地上波の地方局がもっているような品質，あるいは似たような品質には近づけないのだ。機材はメンテナンスも必要である」。

　否定的意見には，地域の選挙で選ばれた人たちからの政治的な影響も含まれる。パブリック・アクセス・テレビセンターは，ケーブル会社と地方自治体の間で結ばれているフランチャイズ協定を経由した資金供与を受けているため，地方議員が資本に関して干渉することもあるのだ。フランチャイズ協定でその金額が細かく決められていても，パブリック・アクセス・テレビのスタッフは，地方行政の動向には敏感になりがちである，なぜならフランチャイズ協定は，大体10年をめどに更新されるものだからだ。ある者は時々政治的干渉があったことをコメントし，またある者は，市当局は税金を上げずに町の基本財源を増やせるものとして，パブリック・アクセス・テレビに対する資金の流れを切り詰めたがっているとコメントした。1人の回答者はこう述べた。「自治体が財布の紐を握っているので，彼らの意向を考慮に入れなければならない」と。そして，地方自治体との依存関係を意識しなければならないのは，パブリック・アクセス・テレビセンターのスタッフだけではない。別の回答者はこう述べている。「私たちのセンターには，市議会の予算委員長を激怒させる超保守派のプロデューサーもいるが，それは市議会との間にある問題としては小さなほうだ」と。

　2人の回答者は，資金調達が自分たちのスタッフに及ぼす影響について述べた。これらはたいてい否定的なものだった。一般的に，センターで働くスタッフの数はセンターによってまちまちであり，予算の大きさでその数は上下する。大体が5から10人だが，少ないところでは1人だったり，多くなると25人になったりする。多くのスタッフは資金調達に割ける時間は少なく，しかしながら資金調達をしなければ給料が払えないということもよくある。スタッフが資金調達に集中しすぎると，番組制作トレーニングや活動のために割ける時間が

少なくなってしまう。

　番組に対する資金調達の影響は，もし資金が足りていると感じれば肯定的になり，足りないと感じていれば否定的になる傾向にある。ほとんどの人は詳細なデータを提供することを断り，代わりに資金調達の一般的な影響に注目して答えてくれた。

資金調達の問題

　資金調達に関して，今回の調査で表面化した問題は，5つのカテゴリーに分けられる。5つのうち4つは，問題の詳細，そして1つは，「問題はない」という回答だった。4つの問題はそれぞれ，寄付（gift dollars）をめぐる競争，選挙で選ばれた議員にパブリック・アクセス・テレビに資金援助するように説得すること，資金調達に割ける時間が少ないこと，意義のある出資としてパブリック・アクセス・テレビを売り込む難しさ，であった（表4-4を参照）。

表4-4：パブリック・アクセス・テレビにおける問題の種類と割合

問　　題	%
資金提供者にパブリック・アクセス・テレビを売り込むこと	18
時間が足りない/スタッフが足りない	14
寄付（gift dollars）をめぐる競争	6
議員を説得することの困難さ	2
問題はない	18

　調査の中で最も多かった問題は，献金してくれそうな人に，意義のある出資としてパブリック・アクセス・テレビを売り込むことである。この問題は，他の多くのNPOでも直面している問題である。しかし，パブリック・アクセス・テレビにとっては特に難しい問題である。ある回答者は，「フランチャイ

ズ認可料金ですべてまかなわれるべきだと考える人がいる」と説明している。またある回答者は，「基金や企業から，パブリック・アクセス・テレビはただの娯楽で，ホームレスの世話をしたり飢える者を救ったりしているわけではないので簡単に出資できない，という態度をとられたことがある」と述べた。他の同じような口調のものでは，「われわれは，われわれが何であり，何をしているのか，そして何ではないのかを説明するクリアなイメージを立てることに難儀している」とか，「私たちは物理的には安定した組織で，フランチャイズ認可料金という約束された資金供与がある。基金関係者はもっと『貧乏』な組織に資金を与えたがる。それに，私たちは技術支援プロバイダであり，メディアでもある。この2つの現実が，私たちの資金調達に対して打撃となっている」。また他にも「ベイク・セール（バザー）のような方法は，あまり生産的ではない。大変な割には，見返りは少ない」。おそらく最も説得力のあるコメントは，これである。「資金集めは，芸術のようなものである。われわれはまだ，幼児期のレベルにいるのだ。われわれはまだ，不適格者の類にいるのだ。われわれは，淵から落ちてしまう。私たちはPEG（パブリック，教育，行政）局であり，まさに本物の501(c)(3)非営利団体だ*。私たちは，却下，無回答，そして不適格という手紙を受け取る。資金調達は，私たちが専門的知識をまったくもたずに行く，長くて，ゆっくりした険しい旅のようなものだ」。ある回答者は，唯一の問題は，経費が上がったので資金を上げてくれるように市当局に納得してもらうことが一番難しいと述べている。

　パブリック・アクセス・テレビセンターが資金調達をする際の障害として，スタッフ数と時間の不足も挙げられている。多くのパブリック・アクセス・テレビセンターでは，スタッフ数が限られており，そのため資金調達をする時間も少なくなっている。実際，何人かの人は，時間がないため資金調達をしていないと証言した。資金調達にボランティアを使うこともできるが，ある回答者が言うには，ボランティアは基本的に番組制作に魅力を感じて来ている。他の公共事業組織と違い，パブリック・アクセス・テレビで働くボランティアは，経営上の仕事を請け負わず，テレビ番組を作ることを期待してくる。

パブリック・アクセス・テレビセンターは，パブリック・アクセス・テレビの意義や価値を伝えるための時間とスタッフが不足しているだけでなく，寄付の競争においても問題に直面しているのである。何人かの回答者は，寄付をめぐる競争と資金の締め付けを問題として挙げた。「資金はタイトである。特に，私たちが住むような小さく，田園的な町においてはなおさらだ。お金のある者，もしくはスポンサーをもつ者のみが番組を制作できるものと思われていることが問題だと認識している」。またある者はこう言う。「明らかに，不況はNPO団体に対して良くない状況だ。私たちは1990年代前半をギリギリ切り抜けた状況だ。パブリック・アクセス・テレビセンターは，NPOなどとともに飽和状態の中にあり，寄付をめぐる争いは厳しい」。

資金調達で問題がないと答えた回答者もいた。しかしそれは，彼らが資金調達そのものをしていなかったのが主な理由だ。残りの回答は，多くが楽観的であった。または達観したものであった。ある回答者はこう答えた。「市民はその価値を知っているにもかかわらず，資金の増加については気にかけない」と言い「われわれは最初から，別の追加資金を探さなければならない」と。

この調査で明らかにされた資金調達における4つの主要な問題は，寄付の競争，パブリック・アクセス・テレビに資金供給をするように選挙で選ばれた議員を説得すること，資金調達を行う人員も時間も不足していること，そしてパブリック・アクセス・テレビを価値のあるものとして（市民に）売り込むこと，である。そして，これらは，ほとんどすべてのNPOに共通に降りかかっている問題である。やっていることを市民に承認してもらうことに成功しなければならない点においてのみ，パブリック・アクセス・テレビセンターが他のNPOよりも明確に困難な課題を背負っているのである[18]。

番組制作（編成）のタイプ

回答者は，驚くほど広範囲の番組制作のタイプを報告した。バラエティに富んだ回答から選り分けられたカテゴリーは，情報，エンターテインメント，宗

教，スポーツ，芸術，子供，寄せ集め（miscellaneous），公共，教育，そして自治体の番組だった（表4-5を参照）。回答は「(私たちが作るのは) 公共，教育，自治体，子供向け番組だ」から「(私たちは) 100％コミュニティ番組だ」や「私たちの番組は広くバラエティに富んでいる。私たちは公共，教育，そして自治体の番組を流す。私たちは，どんな放送でも流すように，法律で決められている」といったものまであった。回答者の多くは番組のタイプをリストにして，その番組の占める割合を書いていた。例えば「トークショー，30％；宗教，25％；タウンミーティング，15％；町の行事，15％；スポーツ，5％；エンターテインメントと寄せ集め，10％」や「宗教，15％；政治的視点，20％；老後問題，2％；ゲイ，2％；外国語，4％；健康，10％；エンターテインメント，30％；寄せ集め（料理・旅・趣味）17％」。回答が多様だったことと，カテゴリーの内容が相互に関連していたことが，データの解析を難しくした。

表4-5：パブリック・アクセス・テレビの番組の種類と割合

（複数回答あり）

番組の種類	％
情　報	26
エンターテインメント	13
宗　教	17
スポーツ	13
芸　術	5
子供向け	3
寄せ集め（miscellaneous）	12
パブリック（公共）	12
教　育	14
行　政	20

第4章 現在の資金源，資金繰りの方法，そして課題

追加データ

調査には，このほかに，資金調達に関連するいくつかの質問項目を含んでいた。例えば，加入者とプロデューサーの数，ケーブル放送している時間，地域で制作される番組の放送総時間，センターがどのように視聴者や番組制作者を生み出すか，などの質問である。これらの質問は，回答者と所属するPEGセンターのイメージを捉えるために行った。

加入者と番組制作者の数は，番組の種類の多様さほどバラバラだった。各パブリック・アクセス・テレビセンターによって，ケーブルシステム（ケーブルテレビ）の加入者数は，1,500人から50万人までの開きを見せた。番組制作者の数は，0人から2,000人までの開きを見せた。ただしこの数は活発な制作者だけの数か，またはセンターの構成員全員の数を示したものかは明確ではない。ある回答者は700人の「公認のユーザー」を報告した。質問は「活発な制作者」を聞いていたにもかかわらず。「公認のユーザー」はセンターの機材を利用するための適切な訓練を受けたもののことを言うが，これは彼らが活発な制作者であるということではない。このセンターにおいては，「公認のユーザー」と活発な制作者は同じ意味なのかもしれないが，結局真偽のほどはさだかではない。

毎週何時間ケーブル放送を行っているか，については，0時間から576時間までの開きを見せた。その地域で制作される番組の占める割合は，0％から100％までの開きがあった。質問紙が自由記述形式だったため，本当にどれくらいの番組がその地域で制作されたかはわからない。また，コミュニティの掲示板放送も合計時間に含まれているのか明確ではない。もし回答者がコミュニティの掲示板放送の時間も総合計に含んだのならば，その地域で制作された番組は24時間流し続けられるということも信じられる。生データの解析で，およそ3分の1の回答者が，地域で制作された番組はケーブルに流される時間の50％から85％を占めると答えていることがわかる。

パブリック・アクセス・テレビセンターは，様々な戦略で視聴者や番組制作

表4-6：パブリック・アクセス・テレビセンターは，いかにして視聴者，番組制作者を生み出すか，に関する回答と割合

方　　法	%
マスコミ報道	20
プロモーション番組をチャンネル上で流す	18
口コミ	14
クロスメディアによるプロモーション	8
チャンネルで良い番組を流す	7
ニュースレター	4
スピーカーズビューロー	3
プレビューチャンネルを利用	2
ケーブルガイドへの広告	1
他	18

者を生み出している。この戦略は，似通っているが，8個のカテゴリーに分けることができる。（プレスリリースの発行をしての）マスコミ報道，チャンネル上での宣伝広告，口コミ，複数のメディアを使ったプロモーション，上質な番組制作・放送，ニュースレター，スピーカーズビューロー（speakers bureau），プレビューチャンネル（Prevue Channel）を利用する，ケーブルテレビガイドに広告を掲載する，および，その他である（表4-6を参照）。

　多くの回答者は，1つ以上の視聴者，プロデューサー獲得の戦略を述べた。マスコミ報道を報告した20人は，これを有効な手段であると述べた。ある回答者は次のように語っている。「視聴者は，地元新聞に載せられているプレスリリースで生み出される。私たちは，彼らが1つの番組を見れば，続けて次の番組も見てくれるものと考えている。現在活動している多くの番組制作者は，自分たちからわれわれに接触してきた。そのため特別に番組制作者を募集する必要はないと考えている」と。別の回答者は，「地元新聞紙での大きなPRや自分たちのチャンネルでのプロモーション」と答えている。

第4章　現在の資金源，資金繰りの方法，そして課題

　プレビューチャンネルは，ケーブルシステム上で次の1時間半の間何が放送されるかをずっと流しているチャンネルである。多くの場合，パブリック・アクセス・テレビの番組の情報は「パブリック・アクセス・テレビの番組」とだけ書かれており，番組の詳細な情報は載せられていない。しかし，いくつかのパブリック・アクセス・テレビセンターは，月に50ドル払えば，詳細な情報をプレビューチャンネルに載せられることを発見している。

　いくつかのパブリック・アクセス・テレビセンターが直面する問題は，地元新聞紙が週刊テレビ欄にパブリック・アクセス・テレビセンターの番組を掲載することを嫌がることである。これはもしかしたら，パブリック・アクセス・テレビセンターの番組編成が頻繁に変わるからかもしれない。たいていテレビ欄は，数週間前に新聞配給業者によって印刷されている。しかしながら，不確定な証拠ではあるものの，地元新聞紙によってはパブリック・アクセス・テレビに対して批判的な態度をとっているということも示唆される。それはケーブル・アクセスが，プリントメディアとある程度の競争関係となるためで，そのような敵対的な感情はまったく驚くほどのものではない。いくつかの回答者は，地元新聞紙がテレビ欄とは違うところにパブリック・アクセス・テレビ番組のスケジュールを書くことを約束したと報告した。例えば，ノースカロライナのグリーンズボローでは，毎週日曜日に発行される「人と場所（People and Place）」の部分に，パブリック（公共），教育，行政放送の週刊スケジュールが掲載されている。

　「その他」のカテゴリーに分けられた回答には，番組情報のチラシを郵送したり，オープンハウス（センターの開放日）や訓練ワークショップを開いたり，地域のイベントの撮影をしたり，長時間番組を流したり，学校で宣伝したり，図書館やコミュニティセンターにポスターを貼ったり，また，視聴率調査をしたりすることなどが含まれていた。

その他のコメント

質問⑫は,「上記の質問で聞かれていないが,言っておきたいことはあるか」,というものだ。この質問は多様なコメントを引き出した。何件かは資金調達に関係することで,他はパブリック・アクセス・テレビそのものについて,また他には回答者の経験談もあった。回答から選別したものは,以下の通りだ(全質問への完全な回答は付録1を参照)。

　　農村地帯で,70マイル(約113km)にわたり17の小さな町をカバーしている。ケーブル会社は,共同所有されている。そのため私たちが分配できるような純益はなく,またフランチャイズ契約などもない。

　　現在は,80％から90％が個人的な番組制作者で10％から20％がNPOによる番組制作。この状態から,80％から90％がNPOによって,そして10％から20％が個人的な番組制作者によって制作される体制に移り変われるよう努力している。なぜなら(センター)利用者,視聴者が共に少ないためと,NPOが彼らのサービスを公表する必要性があると感じるからだ。

　　ケーブル収入は過去数年で下落しているので,パブリック・アクセス・テレビセンターは収入を増やすために資金源の数を増やさなくてはならない。私たちは,他のNPOとともに共同助成金を獲得することに成功した。共同助成金は,両方の組織にとって大きな宣伝になる。助成金の譲与者は,このような共同プロジェクトに寄付したがる。

　　私たちは将来にわたって資金が調達できるように,共同体にとってなくてはならない存在であろうとする。私たちは資金調達には頼らない。なぜなら番組制作者とともに番組を作るための時間を割きたくないからである。

第4章　現在の資金源，資金繰りの方法，そして課題

　カリフォルニアとニューヨークの先導グループや裸でトークショーをする極端な連中を除き，ほとんどのパブリック・アクセス・テレビの番組は上品で誠実だ。それにこれ（パブリック・アクセス・テレビ）は世界で唯一，普通の人が検閲ナシでマスメディアと接触できる場所なのだ。

　私たちは，発足当初から成長過程まで，資金という神によって支配されていると認識している。私たちの成長は大幅に遅れていて，何人かのスタッフは市民の要求に沿った納得いくサービスを提供するため過重労働になっている。1つの機材が壊れると，私たちは遅滞を経験し，時には資金不足に陥った。しかしながら，すべてが絶望というわけではなく，どうにかうまく機能していて，ボランティアも視聴者も増やすことに成功している（資金なんてクソ食らえだ!!）。

　私たちは小さなボランティア団体で，自分たちのことをC.A.C.T.USと1年前から呼ぶことにした，それは認識されやすくするためだ。Concord Arena Community TV is USのことを表している。確かに文法は正しくないが，CACTWEだと響きがよくなかったからだ。私たちはコミュニティにおいてパブリック・アクセスは大変な利益となると信じている。私たちは互いに違う哲学や視点を持ち寄ることで，お互いに助け合える。そこにアクセスに本当の価値があるし，同時に自分たちでそれを楽しむ機会も与えられるからだ。それは長期にわたる苦闘であり，まだ終わってもいない。しかし，苦しむ価値は十分あるものなのだ。

　私たちが過去4年間やってきたように飛躍と跳躍で成長をし続けると，資金源が不足することになる。何に懇願するか注意したほうがいい！

結論

　以前に，公共または政府の管轄下にあった部分が一般的に民営化されるという時代において，パブリック・アクセス・テレビは明らかに時代の潮流に逆っている。パブリック・アクセス・テレビによって，市民はそれまで民間企業または政府のもとにあったメディア事業という部分を支えることが求められている。この苦闘において，パブリック・アクセス・テレビが有利である要因としては，運用資金の大半がフランチャイズ協定から供給され，そして市民から直接集められる基金は補足的であるということである。これはつまり，地元のケーブル会社に料金を支払う以外に，わざわざ資金を払わなくても，コミュニティは，パブリック・アクセス・テレビのサービスを提供されているということだ。このため，パブリック・アクセス・テレビの資金調達の問題は，コミュニティや自治体の問題として認識されるように見える。しかし，そのような，簡単な問題であることは稀である。資金調達は，多くのNPOにとって問題として認識されている。そしてこの調査結果は，それがパブリック・アクセス・テレビにとってもまた然りであることを明確にしている。

注　　　　　　　　　　　　　　　　　　　　　　　　　NOTES

1) *Broadcasting and Cable Yearbook* 1998, vol.2 (New Province, NJ : R. R. Bowker, 1998) : xi ; and U.S. Code, vol. 47, sec. 541-42.
2) David J. Saylor, "Municipal Ripoff : The Unconstitutionality of Cable Television Franchise Fees and Access Support Payments," *Catholic University Law Review* 35 (Spring 1986) : 676-77.
3) Ibid., 686.
4) U.S. Code, vol. 47, sec. 542.
5) Linda K. Fuller, *Community Television in the United States : A Sourcebook on Public, Educational, and Governmental Access*, (Westport, Ct : Greenwood Press, 1994), 2 ; and Ralph Engelman, *Public Radio and Television in America : A Political History*, (Thousand Oaks, CA : Sage Publications, 1996), 260.
6) 例えば，Davis Community TV, Santa Fe Public Access, DATV ? Dayton Access Television, Redding Community Access Corp., and Mid-Peninsula Access

Corporation, *Community Media Resource Directory*, (Washington, DC : Alliance for Community Media, 1994), の 13, 27-28, 179, 184, 197 項を参照のこと。たぶん，NPO にとって最も重要な資金繰りの方法は IRS（国税庁）によって授けられる NPO の証明書であろう。証明書は寄付金から税金を控除してくれる。どれだけ控除されるかは，どのような NPO の種類（国税庁は何種類かに NPO を分類している）か，どのような所得階級（区分）か，または他の判断基準による。

7) 1996 年には，米国中の NPO に合計 1,507 億ドルが与えられた。この数字のうち，85.5 ％，つまりは 1,300 億ドルが個人からの融資であった（Ann Kaplan, ed., *Giving USA 1996, Annual Report on Philanthropy for the Year 1996*, [Norwalk, CT : AAFRC Trust for Philanthropy, 1997], 16-17. より）。なぜ人々がこうも誠意があるかというと，NPO のマネジメントと資金調達の開拓者である Michael Seltzer いわく，6 つの区分に分かれる：彼ら（出資してくれる人たち）が彼らの価値観や信仰に基づくため，コミュニティの考え方の創造と成長を促進するため，個人的価値を上げるため，後世に何かを遺すため，楽しんで喜びを得るため，そして気持ちよく思うため，である。典型的な融資手段は個人的なもの，企業からのもの，財団法人からのもの，そして政府機関からのものがある。NPO の支援者として企業や財団法人が一番大きなものとして捉えられる傾向があるものの，先に述べた通り，NPO に与えられる私的（非政府）資金のおよそ 90 ％が個人から来ている。そのため，Head Start のように大きく政府によってサポートされている非政府組織を除き，ほとんどの非政府（組織）の資金調達努力は個人的な資金提供者に向けて行われるべきである（Susan A. Ostrander, *Money for Change : Social Movement Philanthropy at Haymarket People's Fund*, [Philadelphia : Temple University Press, 1995], 13-14 ; and Michael Seltzer, *Securing Your Organization's Future*, [New York : The Foundation Center, 1987], 101, 104-105, 400. See also Ram Cnaan and Felice Perlmutter, "Using Private Money to Finance Public Services : The Case of Philadelphia Department of Recreation," *New Direction for Philanthropic Fundraising*, [Fall 1995] : 53-57. より）。

8) 販売業やテレマーケティングにおいては，その目標が顧客にその製品やサービスに金を出してもらうことであるため，強調されるのは基本的にどのように人に近づくかの美学であり，そして方法は人間の心理学に基づいて形成される。このプロセスの中で第一に挙がるルールの 1 つとしては客に首を横に振らせないことである。しかし非営利の業界においては，戦略として圧力をかけることや積極的な操作は基本的に非生産的である。多くの非営利団体にとって，簡単なメールを出すこと（または複数のメールを出すこと）が人々に小切手帳を手に取らせるのに有効である。インディアナ大学慈善活動センターの資金調達スクールの設立者で名誉教授のヘンリー・A.ロッソ（Henry A. Rosso）氏が彼のエッセイである「資金調達の哲学」（"The Philosophy of

Fund Raising")の中で指摘するように,その組織そのものと行動の意義こそが資金調達に意味を与えるのである。資金調達は,寄付者がその人が信じている価値のあることをサポートすることで満足感を体験することができる機会なのである(Henry A. Rosso, "The Philosophy of Fund Raising" *in Achieving Excellence in Fund Raising*, [San Francisco: Jossey-Bass], 1991, 9-11. また,Seltzer, 90-92. も参照のこと)。

9) 「社会変革のための資金調達」(Fundraising for Social Change)の著者であるキム・クライン(Kim Klein)は,自己利益が動機になることを認めるより広い視点を提供する。彼女の資金調達の3つの原理のうちの1つは,「人々は自らの利益を満たすために慈善事業にお金を出す」(クラインのほかの2つの原理は,資金源の多種多様性が経済的な安定をもたらす秘訣,そして,誰もが資金調達をする方法を勉強できる,というものだ)。これに近いもので,資金調達研究,実践者の第一人者であるフィッシャー・ホー(Fisher Howe)は,博愛の出資の6つの原理を指摘する。

(ア) 人々は彼らがしたいから寄付をする。
(イ) 人々は求められない限り寄付をしない。(そして人々は多額の寄付をするように求められない限り,多額の寄付はしない。)
(ウ) 人は人に金を与える。
(エ) 人々は好機(チャンス)に対して寄付をするのであって,要求に対してではない。
(オ) 人々は成功に対して寄付をするのであって,苦痛に対してではない。
(カ) 人々は物事を良い方向に変えるために寄付をする。そしてロバート・L.ペイトン(Robert L. Payton)らは,慈善活動の使命は,1つの伝統であると見ている。その伝統は「3つの非常に単純で力強い前提に基づいている:1)物事がうまくいかない,2)物事はいつでも良くすることができる,3)先の2つの対応としての適当なものは,自発的に主導権をとることである」。

10) Ann Kaplan, ed., Giving USA 1996, *Annual Report on Philanthropy for the Year 1996*, (Norwalk, CT: AAFRC Trust for Philanthropy, 1997), 16-17. See also Seltzer, 4, 65-67.

11) 多くの非営利団体において,資金調達は必要悪として認識されている。これは基本的に資金調達の経験不足によるものが大きい。このネガティブな認識を取り除くために,2つの考え方が伝えられなくてはならない。まず,正確に実行してみることだ。資金調達は組織の仕事に付加されるものではなく統合されるものである。それは独立した機能ではなく,組織の総合的なマーケティングと発展の一部である。また,資金調達は学習することができるプロセスである。

12) Rosso, "A Philosophy of Fund Raising," 6-7.
13) Klein, 26. See also Seltzer, 399-456.

14) この調査研究に対し，エリー・AとミニーS. ルビンステン奨学賞（Eli A. and Minnie S. Rubinstein Scholarship Award）の600ドルが充てられた。この賞金は，ノースカロライナ大学ジャーナリズム・マスコミュニケーションスクール（the School of Journalism and Mass Communication at the University of North Carolina at Chapel Hill）から，1997年4月に授与された。

15) リストサーブとは，Eメール使用者が契約できるEメールをベースとした特定の題材に基づいて相互に議論のできるものである。リストサーブのリストに載っている契約者から受信したEメールを他の契約者に再分配する。契約者は他の契約者からメッセージを受信したり，メッセージを送ったりできる。コミュニティ・メディア連盟のリストサーブは，連盟加入者全員にサービス提供中である。

16) 自由記述方式を採ったため，答えが多種多様になってしまったかもしれない。後になって気付いたことだが，この方式が，人々に質問に答える気を無くさせたのかもしれない。なぜなら，彼らは回答するのに時間がかかりすぎると感じたのかもしれないからだ。また，アンケート依頼状に書いたパブリック・アクセス・テレビにとっての資金の必要性に関する最初の文章が，この調査の妨げになったかもしれない。

17) このセンターは，施設の利用料金が人々を思いとどまらせてはいないと答えた―利用者たちは番組制作記録を塗り替えている―そしてそこから得られた1万ドルから1万2,000ドルの利用料金が，年間予算の20％から25％を占めているという。

18) 資金調達で最も覚えておかなければならない基本的なことは，お金を得るためには人に頼まなければならないということである。「社会変革のための資金調達」でクラインが書いているように，宗教団体がなぜ個人から最も資金を調達しているかというと，彼らは規則正しくたびたび頼み込むからである。それによって寄付者は気楽に差し出せるし，そして彼らは人々をサポートするための様々なプログラムを提供するのである（Klein, 14-15. See also）。

* 501(c)(3) ＝アメリカの内国歳入法（IRC）の501条(c)号の第3項に規定されている非営利団体。具体的には，宗教，教育，医療，福祉，芸術，文化，環境，動物保護，国際問題などの分野で活動する公益団体。非営利の同人組織，業界団体などの共益組織などとは区別されている。

第 5 章

パブリック・アクセス・テレビの未来

1950年代から1960年代にかけて，アメリカ文化で大きな役割を担うであろうと考えられていたテレビは，商業用テレビが唯一の選択肢であった。トニー・シュワルツが「リスポンシブ・コード（The Responsive Chord）」で述べているように，「商業用テレビが，番組を視聴できる唯一の形態であった時，市民は商業用テレビをテレビと同義であるとして受け入れた」[1]。1960年代のパブリック・テレビ（PBSやCPB）の出現とともに，市民は主流であった商業用テレビに代わるものの存在に気づき始めた。視聴者は，番組の質にこだわり，教育などを取り上げ，広告に依存しないパブリック・テレビという代替物に次第に慣れていった。それは，テレビは商業テレビだけではないという意識を人々に芽生えさせたのである。1970年代にパブリック・テレビが主流になっていくにつれ，今度はパブリック・アクセス・テレビが新たな選択肢となった。パブリック・アクセス・テレビは，内容や形態というよりはむしろ普通の市民によって作られているという点でパブリック・テレビと異なっている。最近では，もちろん，ほかのテレビ環境も台頭してきている（例えば，有料放送や衛星放送など）。しかしながら，市民が制作するという意味において，パブリック・アクセス・テレビは，他のテレビの形態と決定的に異なるという事実は今も変わっていない。もしこの代替メディアが生き残り繁栄するならば，市民の手によって制作されるという点は強調されるべき特質である。それゆえに，パブリック・アクセス・テレビの活動を推薦する声の広がりは，番組制作に市民の参加が増えていることを物語っている。

　広く人々の参加を呼びかける際に，パブリック・アクセス・テレビは，ある独特な壁にぶち当たる。ほとんどの市民団体や社会福祉団体の立場と異なり，パブリック・アクセス・テレビの基本的コンセプトそのものが，一般市民には必ずしも喜んで応じてもらえるものではない。よく知られたNPOである赤十字やホスピスについては，それに精力的に関わっている市民だけでなく，ほとんどの人がこれらの組織に対し良い感情や感謝の念を持っている。パブリック・アクセス・テレビには，しばしばこの種のサポートの広がりが欠けている。

この基本的な一般市民のサポートの欠如には，いくつかの理由がある。1つ目の要因は，パブリック・アクセスは，ほとんどコミュニティにとって新しくて知られていないものなので，人々は心配で疑い深くなっていることが挙げられる。パブリック・アクセスに対する態度というものは，たいてい評判よりもむしろ直接的な経験によって形成される。パブリック・アクセス・テレビ組織が米国憲法修正第1条を強く支持していること，そして，必然的にそれにともなう論争が時々起きるために，評判は良いものと悪いものが混在している。パブリック・アクセスについて聞いたことがある人々の間では，その内容は，しばしば良くないものがある。

パブリック・アクセスが大衆の目にあまり良く映らない2つ目の要因は，ほとんどの人々が，メディアはプロによって支配された特別な分野で，一般の人たちは閉め出されていると考えていることである。たとえ機会を与えられたときでさえ，ほとんどの人々は自分たちの能力で番組を作ることなど難しいと信じ込んでしまっている。この点においては，表明された態度は否定的ではないが，パブリック・アクセス・テレビの活動への影響は同じことである。

3つ目の要因は，正確に指摘することはできないのだが，政治的に急進的なカテゴリーの人々の存在である彼らの多くがパブリック・アクセス・テレビを推進しようとする傾向があり，当初からずっと，パブリック・アクセス・テレビを「ゲリラTV」として促進しようという明白な政治的意図がある。このため，右翼的でも左翼的でもなく，すべての考え方にオープンであるパブリック・アクセス・テレビを支持している人たちを困らせている。しかし，いわゆる急進的な分子の存在は，「オープンである」がゆえに，多くのコミュニティに避けがたい不安を抱かせ，パブリック・アクセス・テレビに対して懐疑心や疑いの目を生み出している。このことが，メディアにおいて，ほんのわずかな市民が認める社会の変革のための大きな運動の一部というよりは，むしろ「様々な考え方や意見交換の市場」に参加する機会の喪失という結果になってしまっている。

キム・クレインは，著書「社会変革のための資金調達」において，多くのパ

ブリック・アクセス・テレビの組織について，こう述べている。彼女は「多くの人々は，あなた方の組織がやろうとしていることに合意していないし，理解すらしていない。おそらくあなた方の組織は，当面の共通認識をほとんど持ち合わせていない。そして，もしあなた方が現体制を変えようとしたとするならば，人々はあなた方の計画に恐れを感じるだろう。あなた方が成し遂げようとしていることに共感する人たちでさえ，あなた方はどうしようもなく純真で理想家だと考えるかもしれない。そして，あなた方は現実をちゃんと見るようにと指摘されるだろう」と述べている[2]。純真すぎるという世間の認識に立ち向かい，パブリック・アクセス・テレビの未来を確実なものにするために，パブリック・アクセス・テレビ支持者たちは，この章に出てくる案を利用していくことを薦める。

パブリック・アクセス・テレビの生き残り

多くのコミュニティにおいてパブリック・アクセス・テレビは相対的に新しい存在であること，メディアというものはプロによって支配されプロ以外の人々には閉ざされているという認識，そして，パブリック・アクセス・テレビは急進派の業界であるという見解などが存在していることは，この価値のあるコミュニティ資源が今後も生き残っていくかどうかを不確かなものにしている。第4章で議論された調査結果を含めた研究に基づき，このセクションは，21世紀に電子演説台の生き残りを保証する6つの一般的な提案から成り立っている。

第1に，パブリック・アクセス・テレビに関する市民の理解を改善するために，そして，番組制作活動に地元のコミュニティからの参加者を増やすために，莫大な時間と努力が注がれなくてはいけない。人々の関心がもっと上がらなければ，サポートは期待できないし，人々の参加がなければ，そのようなサポートを必要とする理由もない。人々の関心と参加を増やすために，パブリック・アクセス・テレビセンターが利用可能な2つの方法とは，彼らが利用できるケ

ーブルテレビのチャンネルを使う方法と，マーケティング・PR の手法を使う方法である。

　2つ目の提案は，パブリック・アクセス・テレビセンターが，資金調達コーディネーターの任命を含め，総合的な資金運用の計画を立てるということである。しかしながら，認識しておかなければならないことがある。それは，資金を得る能力は不可欠であるけれども，パブリック・アクセス・テレビに対するより高い評価とより良い印象を創造することで土台が築かれ維持されない限り，このタスクがうまく遂行される可能性はほとんどないだろう。加えて，自明のことではあるかもしれないが，誰一人として資金の開発，運用，管理の戦略に対して責任を持たなかったがために多くの NPO が見事に失敗している。

　3つ目の提案は，パブリック・アクセス・テレビセンターは，連邦，州，地域レベルでメディアリテラシー番組を制作，提供することをもっと先取りしていくべきである。そのような番組は，メディアがどのように機能するかを理解する市民の数を増やすのに役立つ。メディアを理解した人々の大きなグループは，パブリック・アクセス・テレビの重要性をより正しく認識するだろう。

　4つ目の提案は，支持者が ACM（コミュニティ・メディア連盟）に加わることである。このプロ組織は重要な情報を提供し，能力を維持するために必要なサポートを行い，パブリック・アクセス・テレビセンターの問題解決を担い，さらに，法改正のために国レベルでロビー活動を行い，その報告を各地のセンターに届けてくれる。

　第5に，パブリック・アクセス・テレビセンターは，彼らの資金源と良い関係を築き維持していくことが重要である。特に，地域のケーブル会社と協働することは，究極的には，ケーブル会社自体の経済的幸福と同様に，コミュニティに対するパブリック・アクセス・テレビの価値と重要性を，ケーブル会社に理解してもらうことに役立つ。

　最後に，パブリック・アクセス・テレビの支持者は，パブリック・アクセス・テレビが継続していくことや将来の発展を確かなものにするための法の施行について，連邦，州，地域レベルで働きかけをするべきである（表5-1参照）。

表5-1：パブリック・アクセス・テレビの未来を確実なものにするための6つの推奨

1. 市民の認知度と関心度を上げること
2. 財源確保のための詳細な計画を立て，実行すること
3. メディア・リテラシー番組の計画を立て，実行すること
4. コミュニティ・メディア連盟に加入すること
5. 資金を提供してくれる組織と良好な関係を維持すること
6. 関連法規について，国，州，地域レベルで働きかけをすること

意識向上と増加する参加

　一般の人々からメッセージを得る方法はたくさんあるが，パブリック・アクセス・テレビの管理者は，他のグループよりも明らかに有利な面がある。それは，テレビのチャンネルを編成することができるということである。チャンネルは，掲示板，番組紹介，公共サービス案内のような，自らを宣伝するための機会を与えることができるだけでなく，人間の自我と同じくらい基本的で強い誘惑のようなものを提供するのである。人々は自分たちをテレビで見ることが大好きである（彼らはそれを知っている）。パブリック・アクセス・テレビの目的の一つは，テレビが作られるプロセスを理解することだが，ほとんどの人々は，未だにそれはスリリングでほとんど魔法の力のように感じている。もし，パブリック・アクセスの支持者たちが，この力を利用してこなかったとしたら怠慢だったといえるだろう。パブリック・アクセス・テレビがコミュニティと仲良くなる最良の方法は，カメラの前であろうとカメラの向こう側であろうと，できる限り多くの人々が参加できる機会を作ることである。一般的な到達点とは，パブリック・アクセス・テレビを徹底的にコミュニティ生活の骨組みの中に組み入れ，コミュニティでの毎日の生活に欠くことのできないものにすることである。ある回答者は，こう述べている。「私たちは助成金と料金によって

未来の資金を保証するために,コミュニティにとって計り知れないほど貴重な存在になろうと努力している」。

　予算とスタッフの制限さえ許せば,パブリック・アクセス・テレビチャンネルは,週末のパレードや芸術祭,特別な会議や主要なスポーツイベントなどのような重要なコミュニティイベントを扱うべきである。そのようなイベントを見ることができるということは,コミュニティ生活の中にパブリック・アクセスが入り込むだけでなく,主要な問題であるチャンネルで放送されるビデオテープの長さ分だけ番組を供給できることにもなる。そして,どんなコミュニティへの関わりも,未来の教育や資金調達に使うパブリック・アクセス・テレビセンターのメーリングリストを作り上げるために,名前や住所を手に入れる新たな機会となる。

　一般的に,無党派で,イデオロギー的に中立であることを勧めるが,一方で,政治の世界はパブリック・アクセス・テレビに別のチャンスを提供している。一般的に,商業的なテレビ局は,地方の政治についてほとんど取り上げない。ごくわずかな時間で,表層的なストーリーと抜粋のような方法で地方政治を処理していると,ほとんどの人が認めている[3]。プロデューサーが真面目な政治的な内容を番組に取り入れるのを待つ代わりに,パブリック・アクセス・テレビセンターは,先取りしてフォーラムやセミナー,ディベートの全てを放送,配信することができる。パブリック・アクセスの支持者たちは,政治家や市民のリーダーに,パブリック・アクセス・テレビを電子演説台として利用することを奨励しなくてはならない（ただし,時間配分は同じという規則で）。問題解決型のフォーラムは,普通の市民たちが,自由に発言できる場をアレンジできる。市民は,テープでも,スタジオで生放送でも,あるいは電話でも発言できる。

　同時に,パブリック・アクセス・テレビセンターは,コミュニティをめぐる議論から距離を置くよりも,むしろ,その議論に向かっていくことが推奨される。さらに,パブリック・アクセスの管理者は,中立的な意見の表出の場としての高潔さを保ち,特定の立場を支持する者による論争を超越しつづけることが重要である。さもなければ,公的サポートを危険にさらすかもしれない。し

かし，これは，役員会議室や地方議会で取り上げられたり市民の目に入ってきたりしている重大な問題について様々な意見を紹介することに，チャンネルが使われるべきでないという意味ではない。そのような議論を幅広く吟味し，多くの人の参加を募ることは，商業的な放送会社では供給できない重要な公的サービスである。トピックスによるが，重要な問題を扱った生放送番組は，視聴者をひきつける。

　パブリック・アクセス・テレビの注目を集める他の手段としては，マーケティングと広報活動（PR）がある。そしてどのようなマーケティング計画でも，その第一歩は，組織の支持者を教育することである。全てのパブリック・アクセス・テレビの成功に不可欠なのはそのスタッフ，役員，使用者，視聴者，そして広くはそのコミュニティ全体がパブリック・アクセス・テレビの歴史と目的について認識していることである。歴史の知識は，パブリック・アクセス・テレビの目的に深みや意義を加えるから重要である。パブリック・アクセス・テレビに関わっている人々が，その歴史と，どのように目的が形成されたかについてわかっていない限り，パブリック・アクセス・テレビを価値づけることは困難である。多くの場合，人々はスタッフ，役員，使用者，または視聴者としてパブリック・アクセス・テレビに関わる。しかし，なぜそれが存在するのかもあまり知らないのである。これらの人々にパブリック・アクセス・テレビについて教育することが，自らの関心をアップさせ，他の人にもその素晴らしさを伝えてくれる原動力となるだろう。

　パブリック・アクセス・テレビについてスタッフと使用者を教育することに加えて，一般市民も啓蒙されなくてはならない。パブリック・アクセス・テレビ支持者は，市民にエンターテイメントのひとつとして認識されるよりも，公共事業として認識されるよう最大限に努力するべきである。ひとたび市民が，パブリック・アクセス・テレビを彼らのコミュニティにとって公的議論と市民参加を促進し宣伝するものとして重要であると認識したら，パブリック・アクセス・テレビの将来はもっと確実なものとなる。2, 3の回答者が書いたとおり，パブリック・アクセス・テレビは売り込みにくいものかもしれない。では

第5章　パブリック・アクセス・テレビの未来

売り込みやすくするにはどうしたらよいか？　売っている「商品」の必要性を説くことである。どうしたら人々がパブリック・アクセス・テレビが必要であると思うだろうか？人々がその商品の存在すら知らなかったら，どうしたらそれが必要であるか否かを知ることができるだろうか？今までに受けたこともないサービスを受け損なうことはありえない。スピーカーズビューロー（speakers' bureaus）を通じた呼びかけやパブリック・アクセスの重要性を説く番組を放送すること，そして地方議員やメディア機関へのロビー活動は，コミュニティにパブリック・アクセス・テレビの哲学的な重要性と実践的な利益について教育することにつながる。

　パブリック・アクセス・テレビが認識されていない問題をさらに悪化させる要因としては，テレビ視聴について不足感がないという現状が挙げられる。テレビという大きな括りのなかでパブリック・アクセス・テレビに注目することは，グラスいっぱいの水の中のただ一滴を認識するようなものだ。パブリック・アクセス・テレビ支持者は，多くのコミュニティが受け損ねているテレビ体験の素晴らしい一面があると，アクセス・テレビを賞賛する。しかしほとんどの人は，自分たちがテレビ番組制作のプロセスから締め出されているようには感じていない。もし全てのアメリカ人が，映像や情報を受動的に受け取る役割を担わされたとしても，ほとんどの人が侮辱されたり制限されていると感じることはないだろう。そしてもちろん，これこそが多くの企業広告主——多くのテレビ番組制作の裏の力——が望む状態だろう。宣伝を行ううえで一番理想的な視聴者は，とりこになりやすく，感受性豊かで，そして（購買意欲を除いて）消極的な人である。これはパブリック・アクセス・テレビにおいて評価される特質と正反対の状態にある。

　パブリック・アクセス・テレビの情報を広める効果的な方法の1つとして，ドキュメンタリー映像を通じた教育がある。それは，簡潔にその地域のパブリック・アクセス・センターの歴史，あるいはより大きなパブリック・アクセス運動の歴史を追いかけ，パブリック・アクセス・テレビの目的も明らかにしている。そのような映像はパブリック・アクセス・チャンネル上で放送されたり，

パブリック・アクセス・テレビセンターのオリエンテーション会議で上映されたり，役員や支援者によってコミュニティにおける講演会で使用されてきた[4]。

財政的安定と資金調達

多くのパブリック・アクセス組織が受け取る資金の大半を占めるのは，ケーブル会社または自治体からのものであるが，それでは大抵足りない。財政的安定を得るためには，全てのパブリック・アクセス・センターで資金調達の計画が必要となる。そのセンターの当面のニーズとリソースに基づいて，何種類かの資金調達方法が評価されなければならない。何人かの回答者は，資金調達の時間が少ししかないと答えた。しかしながら，資金調達の計画を立てることは，資金調達のプロセスをより能率的にするほか，スタッフ，役員，そしてボランティア達が資金調達作業を行いやすくする。なぜなら，計画によって，何をしなければならないか，そして誰がそれを担当するのかを把握することができるからである。

同様に重要なのは，私的な寄付金のうちの90％は個人から来ていて，ここにこそ資金調達の力が注がれるべきなのである。これは助成金への申請（grantwriting）を無視するということではない，しかし，個人からの寄付やサポートは，センター全体のより良い状態を維持するためだけでなく，その本質のところで最も重要なのである[5]。

資金調達計画を作る際に必要なファーストステップは，資金調達コーディネーターを任命することである。このコーディネーターはスタッフであったり，役員であったり，ボランティアであってもよい。しかし責任をもってその仕事をこなせる人物でなくてはならない。コーディネーターの第1の責務は，長期的な資金調達計画を書き，履行を促進することである。これは，この人が全ての仕事をしなければならないという訳ではない。他のスタッフ，役員，ボランティアにも，様々な仕事を担当させることができる。しかし，誰か1人はコーディネーターをやらなくてはならない。さもないと，資金調達の努力は，混乱

と焦点の欠如に見舞われることになる。

　可能性のある資金調達の方法を判断する基準は，必要となる時間，必要となる人員，コストとそれから見込まれる収益，必要となる専門知識，資金についてくる条件，資金源の安定性，最悪の事態のシナリオ，そして最善の結果である。資金調達コーディネーターはこれらの基準を丁寧に評価して，特定の戦略あるいは方法が組織にとって良いものかどうか見極めなければならない[6]。

　これらの問題に答えてから，資金調達コーディネーターは資金調達計画を練り始めるべきである。その年の戦略だけでなく，長期的な計画を立てることは必須である。今回の調査に対し，回答者は様々な資金調達活動を答えた。しかし，資金調達計画そのものがあると述べた回答者は皆無だった。資金調達計画は，どの戦略が採用され，どのように実行されるかを描かなくてはならない。他の，もっと伝統的なNPOではうまくいく戦略も，パブリック・アクセス・テレビセンターではうまくいかないものもある。

　現実的に，パブリック・アクセス・テレビセンターは，収入の機会を最大化するべきである。例えば，会費を徴収したり，教室を開いたり，ワークショップを開催したり，テープのダビング作業で課金したり，プロダクションサービスを実施したりして……。他の収入源としては，商品の販売である。例えば，新品のビデオテープや，ロゴ入りマグカップ，ロゴ入りTシャツ，ロゴ入り帽子，ロゴ入りバンパーステッカー，そしてロゴ入りピンなどである。これらは，比較的簡単な資金調達のテクニックで，全てのパブリック・アクセス・テレビセンターが，すぐにでも実施可能なものである。

　この章の最初のほうで書いたとおり，メーリングリストを準備することは必須である。メーリングリストには，全メンバー，役員，そしてスタッフ，そしてそれだけでなくセンターに接触する全ての人を含むべきである。視聴者に名前と住所を葉書に書いて送ってもらう機会は，週1回または月1回のペースで行うべきである（送ってくれた人には，マグカップやバンパーステッカーをプレゼントする）。また，チャンネル上でコンテストを開催することも重要である。もし可能ならば，メーリングリストは，似たような支持者のいるグループから獲

得するべきである。他の小さい，地域のNPOは会員リストを共有したがるかもしれない。そして最後に，メーリングリストは毎週，きちんと管理されなくてはならない（更新され，正しいものにされなければならない）。どのようなメーリングリストも短期間で活気が無くなるため。だから，良いデータベースを持つと同時に，絶えず最新版になるように注意を払う必要がある。NPOの良し悪しは，メーリングリストとそれを使えるような状態にしておく能力だけであると言ってもよいぐらいだ。

　全てのパブリック・アクセス・テレビセンターの資金調達計画の1つは，年間キャンペーンに従って，月1回計12通の寄付のお願いを送らなければならない。それに加えて，毎年1つの大きなイベントは開催した方が良い。ただ，それ自体で収支が合い，ポジティブな注目を集め，そして「精神的な収入」が得られるかぎりにおいてだ。もちろん大きなイベントでは，多くの時間，エネルギー，そして当面の資金の出費があるかもしれない。ただし，そのようなプロジェクトを実行する前には，十分な検討，分析，そして綿密な計画が必要となる。大きなイベントが，資金を生み出し，かつユニークであれば，毎年開催しても良いだろう。

　月刊のニュースレターも資金調達を助けるかもしれないので計画に加えるべきである。ある地域のアクセス・ニュースレターでは，広告やメッセージのために余白を売っている。そしてニュースレターには毎回寄付金を募るお願いとともに，人々がパブリック・アクセス・テレビに対しての提言や思いを書き込めるフォームを用意するべきである。

　その地域において，他のNPOとの合同プロジェクトも考慮されるべきだ。スタッフの人員さえ足りていれば，他のNPOがパブリック・アクセス・センターにビデオ制作を依頼することも出来る。また2つのNPOは共同で助成金申請書を書くことも出来る。地域のニーズを強調し，そしてネットワークや組織の相互協力—シナジー（相乗作用）—のようなものを示すことが重要である。基金財団や寄付者たちは，そういう種類のものを評価するのだ。

　資金調達は，役員が行うべき重要な役割である。全ての役員は，センターの

一員であるだけでなく，寄付をすべきである──役員すら寄付金または他のサポートを提供していない組織には，誰も寄付金を出す気にはなれない。全役員が，（額面はどうであれ）お金とともに時間も寄付したという事実を，センターを代表する者が公表できることは有益なことである。自ら寄付するという行動は参加していることを実感じさせ，役員を資金調達活動に動機付けることになる。そして，全役員は何らかの形で資金調達活動に参加するべきである。もし役員が専門的な知識や経験を持っている場合，助成金を調べて申請してもらうための資金調達活動要員としてリストアップすることができる。

資金調達計画が練られたら，実施されなくてはならない。全スタッフと役員はこの計画に従い，力を注ぎ，そして，遂行に従事しなければならない。スタッフ，役員，使用者，番組制作者からの総合的なサポートがなければ資金調達計画は成功しない。しかし，もし全員が適切に（計画について）知らされ，教育されていれば，彼らからサポートを得ることはほとんど問題ないはずである。

先に述べたとおり，パブリック・アクセス・テレビセンターは，そのチャンネルを資金調達計画の重要な要素として使用することが出来る。調査の中で出てきた1つの提案としては，祝日や特別な行事に向けたグリーティング（メッセージ）を少額の寄付金で記録撮影し，ある特定の祝日の前のある特定な時間帯に放送するというもの──1日1回，週に1回，または断続的に──。他にチャンネルを使用した資金調達の方法としては，ビデオで人の伝記を納得できる価格で作ること，年間タレントショーを放送して出場者から参加費を徴収すること，毎週ダンスパーティーを開催して参加費を徴収すること，チャンネル上でラッフル（慈善を目的としたくじ）を行うこと，人に1日丸ごとのスポンサーとなってもらう（スポンサーになると彼がスポンサーであるとチャンネル上でアナウンスされる）こと，またはテレソン（長時間テレビ番組）を放送すること，などがある。これらのプロジェクトはアクセスセンターに出入りする人の数を増やす効果だけでなく，メーリングリスト参加者の増加につながる。

メディア・リテラシープログラム

　パブリック・アクセス・テレビに関わる人は，スタッフ，役員，番組制作者，視聴者，出資者など，どんな立場であろうとも，テレビ番組に対して能動的であり批判的であろうとする傾向がある。テレビというものが，どのように技術的に，美学的に，経済的に，そして文化的に動いていくのかについて気付くことによって，テレビに対する意識レベルが上昇していくのである。

　メディア・リテラシー団体，学校や大学，そして関係する市民とともに活動することによって，パブリック・アクセス・テレビは，より積極的に放送用のメディア・リテラシー番組を制作することだけでなく，学校などにその番組を貸したり売ったりすることが出来るようになる（メディア・リテラシー団体については付録4を参照のこと）。

　メディア・リテラシーを向上させるということは，テレビの本質――つまり，何がテレビの世界を作り上げているのかについて，理解を深めるということである[7]。テレビというものは，明確なメッセージとともに，隠されたものやサブリミナルなもので満ちている。メディア・リテラシーは，両方のタイプのメッセージを露にすることと，テレビがもつバイアスを明らかにする働きに関わっている。これらのバイアスは，選択や省略を通じたバイアス，配置方法によるバイアス，ヘッドラインによるバイアス，写真や字幕，カメラアングルによるバイアス，名称や題名の扱い方によるバイアス，統計や人数のカウントによるバイアス，取材源によるバイアス，そして言葉の選択とトーンによるバイアスが含まれる。これらのバイアスを明らかにすることにより，テレビのより鮮明なイメージが浮かび上がり，そしてパブリック・アクセス・テレビの重要性についてより深い理解を生み出す[8]。

第5章 パブリック・アクセス・テレビの未来

コミュニティ・メディア連盟
(ALLIANCE FOR COMMUNITY MEDIA)

　第1章で述べたとおり，コミュニティ・メディア連盟（元の名は全国地域ケーブル番組制作者連盟，National Federation of Local Cable Programmers）は1976年に，全国規模の会員制NPOとして設立された。現在は，約1,000の全国のPEGテレビ組織とパブリック・アクセス・インターネットセンターの利益代表を務めている。連盟に加入することは，個々のパブリック・アクセス・テレビセンターの将来とパブリック・アクセス・テレビの活動を確かなものにするために重要である。ローカルなパブリック・アクセス・テレビセンターのレベルでは，連盟へ加入すれば，技術的補助，法規制の最新情報，そしてお互いの情報や専門的知識を共有する機会を提供してくれる。ネットワーク化と教育は主に，次の3つを通して促進される。①全国的または地域的な集会，②特定の興味をもった団体（たとえばトレーナー，ボランティア番組制作者，そして行政，教育放送のコーディネーター），③リストサーブ（メーリングリストの一種）。連盟はまた，コミュニティ番組の制作や全国的な政策的課題についての資料や情報を提供する[9]。

　全国レベルでは，連盟は「誰でもが，電子メディアにアクセスできるようにすること」に尽力している。連盟はこの目的のために，大衆を教育すること，協力関係を構築すること，地域の組織化をサポートすること，通信業界の動向をモニターすること，そして新しく登場してくるメディアシステムへ市民がアクセスできるように主張することなど，の活動を展開している。それに加えて，連盟は政治的，法制度的，そして企業的にPEG放送に対するサポートも推進している。それは主に，政府との交渉プログラム，マスコミへの広報活動，連盟の公共政策ネットワーク協議会（the Alliance Public Policy Network and Council），ファックスによる宣伝，インターネット，そして草の根組織づくりを通して行っている。連盟に加盟することにより，センターはこの組織の一部となることができ，そして資料や相談会を通してサポートを受けることができる。個人もまた同様にサポートを受けることができる。そしてもっと大事な事は，増加し

つつあるパブリック・アクセス・テレビが大事な財産であり，全てのコミュニティが持つべきであると信じる者の一人になることができることである[10]。

資金源との関係

　アクセス・センターの主要な資金源との間に良い関係を構築する事も重要である。ケーブル会社社員，地方議員，寄付をしてくれる個人や企業，そして市民団体の代表者に対して，パブリック・アクセス・テレビは役に立つのだということを教育しなくてはならない。パブリック・アクセス・テレビはローカルなものである，そして，このローカルな番組をつくる特徴こそが，他の競争相手と差別化される点である。アクセス・センターは，ケーブル会社や自治体と協働できる機会を提供することができる。例えば，センターはケーブル会社がスポンサーをつとめるイベントを撮影してチャンネルで流すことができる。それは，ケーブル会社との協調関係を確かなものにする意味がある。地方議員を，アクセス・チャンネルに登場するように招待することも出来る。内容は，政治的でも非政治的でも，どちらでもよい。

　ケーブル会社や地方議員と良い関係を築くことによる他の利点としては，将来のフランチャイズ契約の更新や，センターのプロモーションを手伝ってもらうことにある。地方行政機関はまた，パブリック・アクセス・テレビを，1つの広報活動用リソースとして活用することができる。ケーブル会社の取締役とすべての地方議員は，ニュースレターとセンター活動の最新情報を定期的に受け取るべきである。もし地方議員との間で良い関係が築かれていれば，ケーブル会社とフランチャイズ契約の更新の際には，地方議員たちはより強力なパブリック・アクセス支持者となるだろう。全米で7番目に大きなケーブル会社のコロラド州エンジェルウッドのジョーンズ・インターケーブル会社（Jones Intercable Inc.）の社長，ジム・オブライエン（Jim O'Brien）氏は，ウォールストリートジャーナル紙で，こう述べている。「約500チャンネルで構成される（ケーブルテレビの）空間について語るならば，ローカルアイデンティティを築

く上で，パブリック・アクセス・チャンネルは偉大な価値をもっているということができる」と述べている[11]。究極的には，これらの主要な資金源が，パブリック・アクセス・テレビを，個人的，経済的，そしてコミュニティにとって貴重なものであると見なしてくれることが重要である。

パブリック・アクセス・テレビ（を保全するための）法規のためのロビー活動

　パブリック・アクセス・テレビのサポーターは，パブリック・アクセス・テレビの継続的な発展を確かなものにするために，連邦レベル，州レベル，そして地域レベルで活動することができる。たとえば，現在のパブリック・アクセス・テレビ関係法令の維持，そして衛星放送（Direct Broadcast Satellite：DBS）や他の放送方法を確保する新たな法律制定について，訴えていくことができる。

　地域のパブリック・アクセス・テレビの運営者，番組制作者，そして支持者の中で，連邦レベルで効果的なロビー活動ができる時間があり，距離的に便利な人はほとんどいない。このため，コミュニティ・メディア連盟（the Alliance for Community Media）のメンバーになれば，法律環境についていけるようになり，そして組織的なロビー行動ができるようになる。また，州や市町村レベルで選出された議員との関係を深めることは，パブリック・アクセス・テレビの重要性を，州そして地方のコミュニティレベルで話し合うきっかけにつながる。

　全米放送協会テレビ情報事務局（Television Information Office of the National Association of Broadcasters）の元役員であるバート・ブリラー（Bert Briller）が言うように，「アクセス・チャンネルは当たり前のこととしておろそかにしてはならないし，廃止もしてはならない。それは新しいメディア規定の中で，特別に守られなければならない，なぜならアクセス・チャンネルは，本当に敏感で，信頼できるテレビシステムの発展のために不可欠であるからだ」[12]。

結論

21世紀が目前に迫っている。まだハッキリしない要素（例えばテクノロジーが進歩するに従い，光ファイバーがケーブル配信システムを時代遅れに至らしめかねない）がパブリック・アクセス・テレビの未来に影響をあたえるかもしれない。しかし，このメディアサービス―またはこれに大変似たもの―が，存続し続けることを信じるに足る十分な理由がある。実際，パブリック・アクセス・テレビの強大な力―様々な意見の市場への民主的な参加を実現すること―はもっと重要視され，軽視されることはないだろう。情報が，パソコン，電話，ファックスを通じて，より早くより大量に流れることができても，それらはローカルでもなければ地理学的にコミュニティでもない。多くのメディアの中で，パブリック・アクセス・テレビはまだ，共有された知識と経験でもってコミュニティを団結させ，結びつけることができる大きな潜在力を持ち続けている。地域がテレビを運営し，市民が参加することは，マスメディアの均質化に対する防御策となる。企業の合併やグループ化でグローバルメディアの集中が進む中で，パブリック・アクセス・テレビは，完全に自由で，そして完全に民主的であり続けることが可能である。しかも，そうあるべきメディア機関として，今後も持ちこたえるだろう。

注　　　　　　　　　　　　　　　　　　　　　　　　NOTES

1) Tony Schwartz, *The Responsive Chord,* (Garden City, NY : Anchor, 1973), 78.
2) Kim Klein, *Fund Raising for Social Change*, (Inverness, CA : Chardon Press, 1988), 9.
3) Doris A. Graber, *Mass Media and American Politics*, (Washington, DC : CQ Press, 1993), 348-49. See also Phyllis Kaniss, *The Media and the Mayor's Race*, (Bloomington, IN : Indiana University Press, 1995), 365, 370-73 ; and Phyllis Kaniss, *Making Local News*, (Chicago : University of Chicago Press, 1991), 6-7, 221, 231.
4) ほとんどのパブリック・アクセス・センターは，会員になることに興味がある人々にオリエンテーションを開催している。このようなオリエンテーショ

第5章　パブリック・アクセス・テレビの未来

ンで，パブリック・アクセスについての一般的な情報や特有の理念，センターの手続きについて説明される。

5) Ann Kaplan, ed., *Giving USA 1996, Annual Report on Philanthropy for the Year 1996*, (Norwalk, CT : AAFRC Trust for Philanthropy, 1997), 16-17.
6) Klein, 26 ; and Michael Seltzer, *Securing Your Organization's Future*, (New York : The Foundation Center, 1987), 399-456.
7) *Kids and TV : A Parents' Guide to TV Viewing*, Charlotte, NC : Public Affairs Division of Cablevision, n.d., 5.
8) *Ibid.*, 9.
9) Alliance for Community Media at http://www.alliancecm.org/acmacm.htm
10) *Ibid.*
11) Anita Sharpe, "Television (A Special Report) : What We Watch-Borrowed Time-Public Access Stations Have a Problem: Cable Companies Don't Want Them Anymore," *Wall Street Journal*, 9 September 1994, Eastern edition, sec. R, 12.
12) Bert Briller, "Accent on Access Television," *Television Quarterly* 28, no. 2 (Spring 1996) : 58.

付録 1：アンケートと回答

質問 1：最も成功した資金調達活動を教えてください。

1▶ 子供たちの（寄付を呼びかけるための）長時間テレビ番組。コミュニティタレント 8 時間の生放送。
2▶ パブリック・アクセスの報酬から受け取った資金。173,000 ドルあまりがフランチャイズ権の料金収入で集まった。ウォーカソン（慈善事業の寄付集めのための長距離歩行），地域の劇場での上演の収益，地域の郡政府からの寄付の貯蓄や会費のシステムを構築。
3▶ 無回答
4▶ スポンサーによる報酬，番組はスポンサーのもののみ。64 ドルから 125 ドル以上で。
5▶ フランチャイズ認可料金収入，図書館からの寄付，番組や掲示板をスポンサーしませんかと呼びかける。
6▶ 無回答
7▶ 少年少女のバスケットボールの試合（高校）。
8▶ チェックオフ（給料からの労働組合費などの天引き）キャンペーン。地域のパブリック・アクセスセンターに 1 ドルを寄付するように，ケーブルテレビの契約者がチェックできる項目を請求書に付ける。
9▶ 特定のプロジェクトの支援のために地域の企業に頼む。
10▶ 高校の卒業式のような地域の式典を記録したテープのコピーに寄付のお願いを付けておく。
11▶ 彼らが制作した番組や記録した活動のビデオテープを売る。例えばフットボールのハイライト，バンドやコーラス，コンサート，パーティー，卒業式，最終学年の思い出ビデオ（教育アクセスチャンネル）など。
12▶ 掲示板や番組の広告枠を売る。
13▶ 放送時間や注文書式が付いたチラシを配る，1 つ 15 ドルでゲームのコピーを売る。1996 年に 4,000 ドルをボランティアの育成と備品購入に使う。
14▶ 新しい建物のための寄付キャンペーン（1.2MK ドル），主要な支援者のキャンペーン（200K ドル），放送で寄付を呼びかける（50K ドル/年），放送枠をオークション（10K ドル/年），コンサートシリーズ（15K ドル/年）。
15▶ 無回答
16▶ 無回答
17▶ 無回答

18▶ 様々な青少年団体の資金集めのために，子供たちによるソフトボールの試合を開催する。
19▶ 無回答
20▶ 16 のオーケストラとともに年配者のパーティー，企業は賞品を提供する。
21▶ 無回答
22▶ 小規模のゴルフトーナメントで 650 ドルを獲得。
23▶ 無回答
24▶ 無回答
25▶ 企業署名寄付と独立プロデューサーのための基金からの助成金。プロデューサーは資金集めのために仲介組織として PCTV を活用し，PCTV は仲介料としてその 10％をもらう（1,000 ドル〜2,000 ドル/年）。24,000 ドルが，恵まれないアフリカ系アメリカ人を視聴者とし，重要な消費者情報を周知する 4 つの生番組シリーズを制作するために通信教育基金から寄付されている。United Way Donor Option Program は年間 75 ドルのコストがかかり，2,500 ドルを生み出す。表彰イベントや 10 周年パーティは，どちらも損をした。
26▶ 1 年に 1 度の，オークションとエンターテインメントで構成される，たくさんの NPO との協力による 26 時間番組による寄付。「Fun! Fun! Fun!」は，同じフォーマットで PAC8 チャンネルだけで 8 時間放送し寄付を呼びかける。
27▶ 無回答
28▶ 無回答
29▶ 無回答
30▶ 無回答
31▶ 無回答
32▶ 無回答
33▶ 無回答
34▶ 無回答
35▶ 無回答
36▶ 無回答
37▶ 無回答
38▶ 広告付きで高校のスポーツイベントを開く。生放送は大きな効果を示す。
39▶ 無回答
40▶ 無回答
41▶ 地域の企業や組織に，人を通して直接依頼する。
42▶ 宣伝や伝記を求めているクライアントに雇われる。
43▶ 無回答

44▶ 広告チラシなどを通してケーブルを見ている人たちに直接呼びかける。放送で懇願する。地域の企業，組織，個人からの支援。文書を通して地域の教会やほかのサービス組織に直接呼びかける。
45▶ 無回答
46▶ 「Phonathon」といって，住民たちに電話をかけ，毎月のケーブルの請求書に1.00ドルを加える許可を得ている。ケーブル会社で料金が集められ，お金が私たちに送られてくる。この方法で3,000の住民から，毎月1,200ドルを受け取っている。
47▶ 特別なプロジェクトのために決められた寄付を受け取っている。
48▶ 1年に1度のオークション番組。テレビで放送するパブリックアクセスの番組（高校の卒業式，パレード，1953年の街についてのフィルム）のテープを販売する。ボランティアが地域の音楽フェスティバルでビールを売り歩く。
49▶ 無回答
50▶ 無回答

質問2：何か他に収入を発生させるような活動があれば記載してください。

1▶ フランチャイズ認可料金の5％のすべて。プロデューサーが1年に5,000ドルから6,000ドルを寄付する。
2▶ 年間表彰番組（4,500ドル）。地域経済団体への役員による直接の援助請求。
3▶ スタジオや編集機材の利用料金。それは，多くの人が制作をやめてしまうほどの金額ではない。彼らは今年，以前の制作数の記録を破って，収入は予算の20％から25％に上がった（10,000ドルから12,000ドル）。
4▶ 行政番組への自治体からの資金（930ドル），ケーブルテレビのフランチャイズ認可料金からの月ごとの寄付（750ドル），学校活動を記録したわれわれの教育番組に対するCalaveras教育委員会からの寄付，ビデオワークショップ，会員料金。
5▶ 番組のダビングテープを売る。パブリックアクセスを利用しない人たちへの機材と編集設備の貸し出し。
6▶ 番組のダビングテープを販売。
7▶ レクリエーション的なレスリングの試合。
8▶ 無回答
9▶ 無回答
10▶ フランチャイズ協定の一部としてケーブル会社の年間所得の総計の2％をもらう。
11▶ クリスマスのセットスタジオで，クリスマスのグリーティング番組に個人が（5分につき1ドル）支払って出演する。クリスマス前の1週間で，1日24時間続けて放送される。街のみんながそれを繰り返し見る。1週間ですべてが流れ，初年度では250ドル，

2年目は500ドル，3年目は700ドルを稼いだ。これは，われわれがテレビに参加し，参加する人々を集めるとてもポジティブな活用方法である。

12▶ 無回答
13▶ 資金集めを行うボランティアへの食料を寄付するスポンサーを見つける。
14▶ 会員権―インターネット接続やISDNの貸し出し，講習料，番組制作サービス，本やレコードの販売，機械のオークションへの出品。
15▶ 無回答
16▶ 無回答
17▶ 無回答
18▶ 市民のための番組をダビング販売すること。
19▶ 無回答
20▶ 無回答
21▶ 無回答
22▶ テープの使用料金とワークショップの料金。
23▶ 社会サービスの行政機関が，非営利の顧問協議会を通して設備の寄付をする。
24▶ 再生装置の貸し出し。
25▶ ケーブルの契約者1人につき25セントの上乗せ，20ドルの入会金，1年52ドルの施設使用費（1年11,000ドル），ワークショップの料金（各5ドルから15ドル，1年2,000ドル），ビデオテープとダビングのための料金（1年6,000ドル）。
26▶ コミュニティのカレンダー製作を引き受ける，ショーやシリーズ番組のスポンサー料，パブリック・アクセス以外の番組制作，カメラのレンタル，会員料，毎週水曜午後開催の子供向けビデオクラス。
27▶ 無回答
28▶ 無回答
29▶ 無回答
30▶ 無回答
31▶ 無回答
32▶ 無回答
33▶ 無回答
34▶ 無回答
35▶ 無回答
36▶ 無回答
37▶ 無回答
38▶ 販売目的のビデオとダビング。
39▶ 番組制作者が広告主を探す。パブリック・アクセスセンターは関わらない。

40▶ 番組制作を請け負う。番組のダビング。
41▶ 作品に関係のある人からの寄付や支援，ダビングテープの販売，一般市民からの寄付。
42▶ 専門家として雇われる，テープをダビングするサービス，コンサルタント，掲示板の放送枠でラジオ放送を流し料金をもらう。インターネットプロバイダとパーティー，ユダヤ教の成人式（バーミツバー）。
43▶ PBSやほかの配給業者からの低価の番組制作の請負。通常料金で公共広告を受ける。
44▶ テープのコピーを販売。
45▶ 企業の署名寄付，特定のスポーツの中継を請け負う地域のビジネス。
46▶ タグの販売，名士の接待，テニスの試合等。すべてにたくさんの苦労と喜びがあった。しかし，電話による寄付の呼びかけよりも利益が上がるものはなかった。
47▶ 収入：講習会，会費，利益。
48▶ プロジェクトからの収入（3年で18,000ドル以上），地域での署名寄付，会議を記録したり，放送したりした制作活動に対する地方自治体からの支払い（15,000ドル）。
49▶ 新しいS-VHSの販売―会費と授業料を含んでいる。
50▶ 思いやりのある寄付，つまり背景や花の装飾や，テープ。

質問3：おおよその年間予算は？

1▶ 90,000ドル
2▶ 212,000ドル
3▶ 50,000ドル
4▶ 28,000ドル
5▶ 110,000ドル
6▶ 210,000ドル
7▶ 10,000ドル
8▶ 20,000ドル
9▶ 475,000ドル
10▶ 50,000ドル
11▶ 0ドル
12▶ 85,000ドル
13▶ 無回答
14▶ 12,000,000ドル
15▶ 470,000ドル
16▶ 20,000,000ドル

17 ▶ 40,000 ドル
18 ▶ 64,000 ドル
19 ▶ 20,000 ドル
20 ▶ 72,000 ドル
21 ▶ 無回答
22 ▶ 65,000 ドル
23 ▶ 170,000 ドル
24 ▶ 200,000 ドル
25 ▶ 360,000 ドル
26 ▶ 60,000 ドル
27 ▶ 無回答
28 ▶ 10,000 ドル
29 ▶ 30,000 ドル
30 ▶ 8,000 ドル
31 ▶ 無回答
32 ▶ 無回答
33 ▶ 無回答
34 ▶ 124,000 ドル
35 ▶ 90,000 ドル
36 ▶ 無回答
37 ▶ 無回答
38 ▶ 80,000 ドル
39 ▶ 無回答
40 ▶ 85,000 ドル
41 ▶ 8,000 ドル
42 ▶ 164,400 ドル
43 ▶ 6,000 ドル
44 ▶ 100,000 ドル
45 ▶ 130,000 ドル
46 ▶ 41,000 ドル
47 ▶ 1,600,000 ドル
48 ▶ 143,000 ドル
49 ▶ 225,000 ドル
50 ▶ 無回答

付録1：アンケートと回答

質問4：どのような資金源から供与を受けていますか，そしてその資金源は各々，年間予算の何%を占めていますか？

1▶ 5％のフランチャイズ認可料金（90,000）。
2▶ パブリック・アクセス料金173,000ドル，フランチャイズ認可料金39,000ドル（212,000ドル）。
3▶ 自治体からのフランチャイズ認可料40％，寄付20％，会費／資金募集15％，プロダクション料22％，他3％（50,000ドル）。
4▶ 郡の教育委員会85％，ケーブル会社10％，自治体5％。
5▶ フランチャイズ認可料40％，ケーブル会社の寄付10％，スポンサー料5％，テープのコピーと機材のレンタル5％，図書館が管理する予算30％。
6▶ フランチャイズ協定の財源として寄付された。
7▶ 自治体からが100％。
8▶ 100％ケーブル会社からの寄付。
9▶ フランチャイズ認可料が55％，地域奉仕活動料が44％，契約収入が5％，利益が4％，弁償費が1％。
10▶ ケーブル会社の総収入の2％。
11▶ 市立学校の一般財源が50％，活動資金が50％。
12▶ ケーブル会社からの5％のフランチャイズ認可料金が，年間予算の90％，広告が10％。
13▶ 100％市から。
14▶ フランチャイズ認可料は予算の33％，寄付と収益が67％。
15▶ 20,000ドルが会費と授業料，ケーブル会社の総収入の1.5％。
16▶ 90％がケーブル会社，10％が収入。
17▶ 100％を大学でもっている。
18▶ 100％フランチャイズ協定。
19▶ 地方自治体の支出。
20▶ 100％ケーブル会社。
21▶ 100％ケーブル会社。
22▶ 100％ケーブル会社。
23▶ 100％ケーブル会社。
24▶ 80％がフランチャイズ認可料からの市による寄付，20％がケーブル会社からの寄付。
25▶ 80％がケーブル会社からの寄付。
26▶ 54％が郡を通したフランチャイズ認可料（32,000ドル），17％が寄付（10,000ドル），29％がその他。

27▶100％ケーブル会社。
28▶100％フランチャイズ協定の財源からの寄付。
29▶100％ケーブル会社の経営予算。
30▶無回答
31▶無回答
32▶無回答
33▶無回答
34▶100％フランチャイズ認可料。
35▶70％がコミュニティカレッジ，30％がケーブル会社。
36▶無回答
37▶無回答
38▶100％ケーブル会社。
39▶無回答
40▶99％がケーブル会社のフランチャイズ認可料，5％が自治体から返還されたケーブル料。
41▶95％が市，5％が寄付。
42▶5％のフランチャイズ認可料の55％＝収入の96％。
43▶大学からが100％。
44▶70％が郡の税金，11％が助成金，8％がケーブル会社，11％が寄付と受託事業。
45▶ケーブル会社との契約が96％，4％が受託事業。
46▶55％がケーブル会社，4％が地方自治体，32％が契約者の寄付，9％がその他。
47▶5％がケーブル会社，75％が署名付きの寄付，10％が収入。
48▶60％が市，20％がケーブル会社と他の10の行政団体，10％は稼いだ収入。
49▶78％はケーブル会社からの直接の寄付（フランチャイズ認可料ではない）22％は市からの寄付。
50▶ケーブル会社からの5％のフランチャイズ認可料の30％。

質問5：資金を受けることで，番組制作にどのような影響がありましたか？ここ数年間で番組制作に目に見える変化はありましたか，またそれは資金調達方法の変化によって引き起こされたものですか？

1▶視聴者への浸透がわれわれの収入を増加させるにしたがって，市も成長してきて，これがわれわれの予算に良い影響を与えている。
2▶無回答
3▶地方自治体が寄付するフランチャイズ認可料を倍増させ，行政の番組が増えた。プ

付録1：アンケートと回答

ロが自身の投資のための番組制作にお金を投じている。われわれはコミュニティ団体を巻き込むために制作費を使うことを試みている。

4▶ 連続的に，テレビ番組の数を増やすことが収入を増やす。1日24時間毎週放送している。番組は郡の人々とイベントを扱う。

5▶ もっと資金があれば，より良い番組が作れる。フランチャイズ認可料が増えれば，われわれは広い場所へ引っ越し，さらに設備をよくできるし，よりプロデューサーが番組を制作できる。

6▶ 予算は番組の技術的質を向上させるための設備購入に使われる。

7▶ 地方自治体の寄付には限りがある。広告なしに資金集めはできない。番組に変化はない。

8▶ 番組への唯一の影響は，職員の欠員である。

9▶ 新しいフランチャイズによって昨年は寄付が増加したので，サービスも良くなった。

10▶ 無回答

11▶ 寄付の欠如は，設備が古くなることだけではなく，結果的に番組の質を制限することになってしまう。私たちはBetamax1，時にはStandard3/4"U-maticを使い編集する。故障設備の修理はその老朽化のため，とても困難である。別のサービスに時間を取られ番組制作ができない。このため制作される番組数に限りがある。しかし，私たちは平均36のオリジナル番組を毎年制作している。おおよそ1週に1番組だ。番組制作上は目立った変化はないが，われわれがビデオトースター（編集ソフト）を購入できたとしたら，より良くなるだろう。

12▶ 無回答

13▶ 無回答

14▶ 番組と寄付集めに明確な差別はない。

15▶ 無回答

16▶ 無回答

17▶ 私たちは遠距離学習活動を支援している。寄付は，遠距離学習が私たちの任務において重要度が増すにつれて，増えてきた。

18▶ 無回答

19▶ 時々政治的妨害がある。

20▶ さらに活動できるように，予算額を増やしたい。

21▶ 無回答

22▶ 無回答

23▶ ニュースへの要求がある。現在は夜のニュース番組を制作している。

24▶ すべての番組は，コマーシャルをとって制作している。ここ2,3年は，市は資金提供したいが，増税なしでは資金を得ることはできない状態だ。

25▶ 寄付は，われわれに設備の質のはるかな向上をもたらし，番組制作を助けてくれる。目立つ変化というのは，番組の数が増えたことと，より便利な施設の使用，より良いビデオの質と編集，より良い音質，放送局の電波信号の改善，生放送の能力，衛星中継できたり，番組の数の増加である。
26▶ 大人や子供たち向けのワークショップは結果的に番組の増加につながる。それによって，企業がスポンサーになることを促進する。
27▶ 無回答
28▶ 無回答
29▶ 無回答
30▶ 無回答
31▶ 無回答
32▶ 無回答
33▶ 無回答
34▶ 無回答
35▶ 無回答
36▶ 無回答
37▶ 無回答
38▶ 無回答
39▶ 無回答
40▶ 自治体に移る人々が減少すると，フランチャイズ料は少なくなる。受託事業やそのほかのサービス料金は，番組を維持し増やすのを助ける。
41▶ 変化はない。しかし，自治体の財布の紐次第ということは，一般市民の要求以上に自治体の要望を考慮する必要がある。
42▶ もし寄付が最小限度しかなかったら，必要な機械を購入することはできない。今年はこれを削って，来年はあれを削って，となる。だから質は，地域の地上波放送局と比べると，おそらく良くない。設備は維持が必要である。スタッフは最後は批判的になる。スタッフはより安い賃金で働かされる。賃金と機材費用が競合する。ボランティアたちは，番組制作に時間がかかるので制作とスケジュールに余裕がない。ここ4，5年，われわれは交換や寄付という善意のおこぼれに気付いてきた。リーガンのおこぼれ理論はもはや機能していない。番組の内容は変化している。いくつかの地域産業が，いくつか発信を圧殺したがる傾向をもっているというわけではない。
43▶ われわれのケーブルセンターは，設備や維持，機器，職員のために重要な寄付が足りないので，われわれがやりたい教育番組の放送を実施できていない。
44▶ スタッフを増やしたり新しい設備を購入したりするために寄付を集めた。2つとも番組数の増加に影響を与えた。

45▶ 無回答
46▶ 資金源は番組に影響を与えない。われわれは番組の中に重大な変化を感じていない。しかし，番組の質は，制作技術のスキルによるので，より良い機材と豊富な経験によって改善される傾向がある。
47▶ 資金集めはやっていない。資金源は，支援の額によっては番組を制限する。資金が増えるということは，番組とサービスが向上するということだ。
48▶ われわれは近年，スタッフは増加していないが，番組と会員数において急激に成長している。われわれは番組制作における事前対策ができていない。したがって，われわれは収入を得るための良い番組編成ができないでいる。逆に過多なものもある。例えば，60時間以外で，8時間が宗教法人からのものだ。しかし，すべての民族の番組のためにおよそ1時間ずつ，シニアの方々のために約1時間充てている。ここ2, 3年で番組に大きな変化があった。"冒険の番組"がなくなったことだ。われわれには，市議会の予算委員長を怒らせる極端に保守的なプロデューサーがいるが，それは，われわれの問題のごく小さな一部にしか過ぎない。
49▶ 無回答
50▶ 管理している予算がないということは，番組制作が制限され，誰かが自分のカメラをもっていない限り，コミュニティに属している人たちにとって講習が受けられなかったり，奉仕活動ができなかったり，課外活動ができなかったりすることを意味する。しかし，このような環境でさえ，われわれは5年もの間，1週間に2夜にわたり2時間の放送を行い，翌日の午後にそれを繰り返し放送している。われわれは実際に1週に3時間の放送を始めた。人々はアクセスというものがあることを知り始めたが，われわれはスタジオも資金もない少数の人々のためにそれを提供している。

質問6：資金調達と予算で直面している問題はありますか？もしありましたら記載してください。

1▶ われわれは少ししか資金集めをしていない。
2▶ 無回答
3▶ いうまでもなく，一時的不景気は非営利団体に決して良い状況とはいえない。われわれはかろうじて1990年の初めを生き残った。放送局は，非営利団体があふれているこの地域（ニューヨークの郊外）にあり，資金の競争は厳しい。しかし，われわれが助けを求めるときいつも来てくれる，強くて気が利く基礎の支援がコミュニティの中にある。
4▶ お金は厳しい。特にわれわれのような田舎では。われわれは，スポンサーになるためのお金をもっていたり，支払ってくれるスポンサーを見つけられる人々だけが制作で

きるということが問題だと考えている。
5▶ 現時点で十分だとはいえない。われわれはもちろん，いつもより多くの資金を使っている。
6▶ フランチャイズ認可料は限られていて，市の一般財源からの支援を得てはいない。加えて，われわれには，まだ資金提供者も寄付を呼びかける番組もない。
7▶ 市議会で，コストの上昇が原因で寄付を増やすように決定が出た。
8▶ 無回答
9▶ 無回答
10▶ われわれの小さなコミュニティでは産業の数も限られているために，われわれは大きいコミュニティから寄付を少し受け取っている。
11▶ 唯一の重要な問題は，時間である。私だけがスタッフという状況なので，資金集めは，混んだスケジュールにさらに責任を追加することになる。
12▶ 予算のために資金集めや番組制作を行う時間がない。
13▶ 無回答
14▶ パブリック・アクセスには，資金集めという言葉は似合わない。フランチャイズ認可料のみで十分でなければならない。
15▶ 無回答
16▶ 無回答
17▶ 無回答
18▶ 無回答
19▶ 絶えず，パブリック・アクセスの価値を地域に説得しなければならない。
20▶ われわれは第1には，資金集め活動をしない。われわれはコミュニティの組織に奉仕し，次に資金集めによって彼らを助ける。
21▶ 無回答
22▶ 資金を集める活動による利益がないということと，全体として番組への貢献がないということ。しかし，番組が過去に活発であったときでさえ，資金の増加はほんの少しだった。
23▶ ない。パブリック・アクセスは増えることを嫌がらない。なぜならその価値を理解しているからだ。
24▶ 資金調達は認められていない。
25▶ 多くのNPOのように，寄付集めは，財団や法人が財布の紐を堅くするにつれて厳しくなっている。われわれは財団や法人から，食べていけない人を養ったりホームレスを世話していないのに，パブリック・アクセスは贅沢であるという意見をもらった。現在の一番大きな問題は，設備投資のための寄付を得ることと，われわれのサービスにインターネットを活用することだ。

26▶ 十分な時間がない。マネジメントに忙しくて寄付を求めることができない。Grantwriting school にアシスタントを送って，マーケティングの人材を雇わなければならなかった。
27▶ 無回答
28▶ 無回答
29▶ 無回答
30▶ 無回答
31▶ 無回答
32▶ 無回答
33▶ 無回答
34▶ 無回答
35▶ 無回答
36▶ 無回答
37▶ 無回答
38▶ 地域の組織で働く会員が限られている。より職員の時間があれば，ほかのケーブルのチャンネルに折り込み広告を作ることに時間を割くことができる。
39▶ 無回答
40▶ 多くの寄付を集めるのは難しい。
41▶ 積極的な資金集めをするためのスタッフに支払うお金がない。ボランティアは資金集めを手伝ってくれるが，多くのボランティアは"働く"ことよりも番組を制作したがる。
42▶ お金を集めることは，芸術のようなものである。われわれはまだ幼児期のレベルにいるのだ。われわれは寄付の対象として不適格者の類にいるのだ。われわれは淵から落ちてしまう。われわれは，公共，行政，教育のチャンネルであり，まさに本物の501(c)(3)非営利団体である。われわれは却下，無回答，そして不適格という手紙を受け取る。資金集めは，われわれが専門知識をもたずに行く，長くゆっくりした険しい旅のようだ。
43▶ 機材や維持，設備のための寄付は欠如している。番組やケーブルシステムを管理する人のための寄付も足りていない。
44▶ 第一に私たちは郡の行政府から寄付をもらっている。われわれは本質的でないサービスであり，誰からも感謝されていないために，われわれの寄付は常に上限を決められている。われわれは初めから，より多くの寄付を求めなければならなかった。
45▶ われわれが，どんな団体で，何をしていて，どんな団体でないかということの明確な公のイメージを確立すること。
46▶ 資金集めのためのベークセール（基金集めのために行われる，会員の作ったお菓子などを売る催し）は単純でまったく生産的でない。つまり，重労働にしては見返りが少

ない．設備はとても高価で，素人のボランティアによって使われるので，寿命の限界がある．

47▶ われわれは財政上，ケーブル会社のフランチャイズ認可料のために報酬を保障されている組織のように見える．寄付する人は，寄付のためにより「貧しい」組織を探す．われわれは技術アシスタントの提供者でありメディアでもある．この2つは寄付というアリーナにおいてわれわれに不利に働く．

48▶ 3年前，1987年からわれわれの支配人としてサポートしてきた市立図書館が，これ以上PACT（パブリック・アクセス・ケーブルテレビ）のために部屋を確保できないと言ってきた．われわれは市内の10マイル離れたところに部屋を与えてくれるドナーを探すことができ，それはEau Claire（ファイバー）ケーブル会社だった．ED市議会はわれわれをE.C.にある工業都市に引っ越させ，家賃を支払うことを決めた．われわれは5年間新しい施設の賃貸借契約を交渉し，1995年9月にわれわれの施設は建てられた．

49▶ より多くの寄付が必要である．それがないと，組織化できない．

50▶ 無回答

質問7：どのようなタイプの番組をケーブル放送していますか？
そして，番組編成全体でみた場合，各々のタイプはどれぐらいのパーセントを占めていますか？

1▶ パブリック，教育，行政．子供の番組．

2▶ 無回答

3▶ 行政の番組が30％，ニュースが5％，トーク番組が40％，ロケと他の番組が5％，教会の番組30％．

4▶ 趣味／コミュニティ：パレード，注目の人々，スポーツ，ビジネス，開発，フェア，学校の先生，学生，学生食堂，課外活動，フットボール，バスケットボール，社長の言葉，議員との月1回の番組，行政の部門についての紹介番組．

5▶ トーク30％，宗教25％，タウン・ミーティング15％，街のイベント15％，スポーツ5％，エンターテインメント・その他10％．

6▶ 行政10％，宗教25％，スポーツ15％，エンターテインメント20％，トーク30％．

7▶ スポーツ50％，公共情報25％，地域行政25％．

8▶ われわれの番組は，極めて多様性豊かだ．パブリック，教育，行政がある．法律によって，何でも番組として放送することを求められている．

9▶ パブリック・アクセス78％，教育的なアクセス12％，行政10％．

10▶ 100％コミュニティ・アクセスの番組．

11▶ スポーツ65％，教養番組10％，コンサート10％，コミュニティ（社長のレポート，

フォーラム，ディベート）8％，特集番組7％。
12▶ 公的な出来事20％，スポーツ50％，特別イベント20％，トーク5％，その他5％。
13▶ 無回答
14▶ 宗教30％，公的な出来事20％，スポーツ10％，エンターテインメント30％，音楽10％。
15▶ われわれは300人の会員の興味に従ってすべてのタイプの番組を放送している。会員の3分の1が，それぞれ与えられた時間で番組を作る。宗教15％，政策討論番組20％，高齢者問題の番組2％，同性愛者の番組2％，多言語番組4％，健康10％，エンターテインメント30％，その他（料理，旅行，特集）17％。
16▶ 情報22％，エンターテインメント21％，芸術12％，宗教8％，マイノリティー13％，公的な出来事4％，子供3％，その他17％，熟年向け17％。
17▶ 大学の通信教育講座60-70％，学生のオリエンテーション／情報10-20％，コミュニティ番組10-20％，その他10-20％。
18▶ 宗教10％，スポーツ10％，情報50％，ミュージカル20％，その他10％，スクールチャンネル―ミュージカル20％，スポーツ20％，情報40％，劇／寸劇20％。
19▶ 一般の情報と学校関係の番組とイベント。
20▶ 地域活動の番組95％，商業的番組5％。
21▶ 宗教75％，マガジン番組25％。
22▶ 情報や問題15％，エンターテインメント10％，宗教50％，スパニッシュ12％。
23▶ ニュース4％，教育6％，行政3％，公的な出来事16％，霊感番組2％，子供13％，スポーツ5％，宗教9％，エンターテインメント12％，衛星放送30％。
24▶ 宗教85％，賃貸アクセス5％，行政10％。
25▶ 無回答
26▶ 公共／コミュニティ70％，教育20％，行政10％。
27▶ 宗教48％，スポーツトーク19％，政策トーク16％，公共行事16％，その他1％。
28▶ 組合の番組10％，トーク20％，行政10％，宗教50％，情報10％，芸術8％，ビジネス1％，商売1％，公共行事2％，教育18％，政策3％，行政18％，健康1％，個人の興味13％，民族2％，宗教1％，公共サービス8％，つなぎの音楽放送1％，スポーツ1％。（訳者注：ダブリは原文ママ）
29▶ トーク／情報50％，スポーツ25％，エンターテインメント／その他25％。
30▶ 学校行事，教育／情報番組。
31▶ 無回答
32▶ 無回答
33▶ 無回答
34▶ 無回答

35▶ 通信教育講座 60％，地域の大学のニュース 10％，音楽イベント 15％。
36▶ 無回答
37▶ 無回答
38▶ 市議会 10％，スポーツイベント 10％，スタジオ番組 20％，コミュニティイベント 30％，アクセス番組「自転車テープ」20％，ケーブル局のプロモーション 10％。
39▶ 教育，パブリック・アクセス，行政アクセス—パブリック・アクセス 20％，教育と行政 80％。
40▶ コミュニティイベント 44％，地域 29％，宗教 17％，転送された番組 10％。
41▶ 公的ミーティング 30％，イベント 25％，情報 25％，エンターテインメント 20％。
42▶ 宗教 38％，エンターテインメント 20％，政策 14％，教育 7％，スポーツ 6％，文化 6％，プロモーション 5％，公共サービスの情報 3％，その他 1％。
43▶ 無回答
44▶ 行政とパブリック・アクセスの幅広い多様性。
45▶ 3 チャンネル：b3 は 100％行政，つまり市民協議会，市議会等；5b は教育，つまり日中は衛星ネットワークからの放送，大学や学校からの様々な題材，生涯教育のための色々な講義；3b は一般的なパブリックチャンネル，つまり宗教，時事問題，スポーツ，趣味，音楽，幅広く多種多様に。
46▶ 特集番組による地域のインタビュー番組 48％，タウンミーティング 23％，地域の高校のスポーツ 11％，外部のテープ 15％，宗教 3％。
47▶ 無回答
48▶ 無回答
49▶ 宗教 42％，エンターテインメント 25％，芸術／文化／音楽 10％，その他 15％，公共行事 5％，シニア番組 3％。
50▶ コメディ 14％，ドキュメンタリー 8％，エンターテインメント 8％，情報 40％，音楽 11％，演劇 2％，スポーツ 12％，トーク 7％。

質問 8：あなたのケーブルシステムには，現在，何人の加入者がいますか？

1▶ 4,500
2▶ 32,000
3▶ 24,000
4▶ 8,500
5▶ 13,500
6▶ 14,000
7▶ 3,200

付録1：アンケートと回答

8 ▶ 62,000
9 ▶ 13,450
10 ▶ 6,000
11 ▶ 無回答
12 ▶ 5,000
13 ▶ 無回答
14 ▶ 120,000
15 ▶ 66,000
16 ▶ 500,000
17 ▶ 70,000
18 ▶ 12,000
19 ▶ 無回答
20 ▶ 38,500
21 ▶ 30,000
22 ▶ 20,000
23 ▶ 28,500
24 ▶ 78,000
25 ▶ 105,000
26 ▶ 4,050
27 ▶ 10,000
28 ▶ 10,503
29 ▶ 26,000
30 ▶ 無回答
31 ▶ 無回答
32 ▶ 1,500
33 ▶ 無回答
34 ▶ 11,000
35 ▶ 無回答
36 ▶ 無回答
37 ▶ 無回答
38 ▶ 20,000
39 ▶ 40,000
40 ▶ 6,000
41 ▶ 18,000
42 ▶ 24,000

43 ▶ 11,000
44 ▶ 6,600
45 ▶ 10,500
46 ▶ 6,000
47 ▶ 355,000
48 ▶ 26,000
49 ▶ 54,000
50 ▶ 20,000

質問9：何人の活動的な番組制作者があなたのセンターには在籍していますか？

1 ▶ 30
2 ▶ 30
3 ▶ 25
4 ▶ 3
5 ▶ 100
6 ▶ 170
7 ▶ 4
8 ▶ 120
9 ▶ 30
10 ▶ 25
11 ▶ 1
12 ▶ 3
13 ▶ 無回答
14 ▶ 75
15 ▶ 90-100
16 ▶ 2,000
17 ▶ 2
18 ▶ 30
19 ▶ 5+
20 ▶ 2
21 ▶ 24
22 ▶ 50
23 ▶ 34-79
24 ▶ 30

25 ▶ 300
26 ▶ 54
27 ▶ 17
28 ▶ 18
29 ▶ 1
30 ▶ 無回答
31 ▶ 無回答
32 ▶ 無回答
33 ▶ 無回答
34 ▶ 無回答
35 ▶ 無回答
36 ▶ 無回答
37 ▶ 8-10
38 ▶ 無回答
39 ▶ 20
40 ▶ 30
41 ▶ 12-25
42 ▶ 2
43 ▶ 50-100
44 ▶ 無回答
45 ▶ 8
46 ▶ 700（公認のユーザー）
47 ▶ 110
48 ▶ 30
49 ▶ 7
50 ▶ 20,000

質問 10：週に何時間ケーブルに番組を流していますか？また，地域で制作される番組はそのうちの何時間（何%）ですか？

1 ▶ 130 ； 95 %
2 ▶ 無回答
3 ▶ 30-35 ； 5-6 新番組
4 ▶ 24 時間ローカル番組
5 ▶ 100 ； 20-30

6▶126 ； 65 %

7▶5 ； 5

8▶70 ； 40

9▶166 ； 166

10▶168 ； 1-5

11▶4 ； 3.5

12▶20-25 ； 15-20

13▶無回答

14▶140 ； 40

15▶70 ； 65

16▶56 ； 90 %

17▶74 ； 2/3

18▶88 ； 87

19▶9 ； 9

20▶56 ； 10

21▶15 ； 3

22▶44 ； 1/5

23▶65-85，と 65-85

24▶56 ； 45

25▶92 ； 92

26▶168 ； 80 %

27▶16 ； 13.5

28▶24 ； 10

29▶20-25 ： 15+

30▶52 ； 100 %

31▶無回答

32▶無回答

33▶無回答

34▶無回答

35▶75 ； 72

36▶無回答

37▶無回答

38▶40 ； 75 %

39▶84 ； 5

40▶100 ； 98

41▶ 無回答
42▶ 135 ； 67 %
43▶ 0 ； 0
44▶ 70+ ； 60+
45▶ 45-55 パブリックアクセス番組で 85-90 %； 45-50 教育番組で 20 %
46▶ 42 番組（時間），コミュニティのスケジュールはその時間の残りで放送される； 36
47▶ 1 週間に 165 時間を 5 チャンネルで； 70-80 %
48▶ 67 ； 45
49▶ 60 ； 50+
50▶ 8 ； 99 %

質問 11：どのように視聴者や番組制作者を生み出していますか？

1▶ 子供たちの中に入ったりコミュニティに参加することによって。人々はテレビで友人や彼ら自身を見ることが好きである。
2▶ シティガイド，ホームページ，レクリエーションのレポート，月間賞，年間優秀番組賞，地域や全国組織への参加，チャンネル横断の販促。
3▶ 視聴者は地域紙のプレスリリースを通して集まってくる。われわれは彼らが 1 つの番組を見ていたら，いつも次の番組までそのチャンネルを見ているということを知っている。われわれのプロデューサーの多くは，自ら参加して来た―われわれはめったにプロデューサーを勧誘する必要がないことがわかっている。口コミは，コミュニティの中でもとても影響力のあるものだ。
4▶ 地域の良質な番組は，大勢の視聴者を作る。プロデューサーは見つけるのがより困難である。
5▶ 口コミ，チャンネルのザッピング。この地域の多くの人々は，われわれが何者かを知っている。われわれはパブリック・アクセスについての番組を制作し，ニュースレターを作る。われわれは新聞や時折のラジオ番組で気付かせる。
6▶ われわれの放送局や別のメディアでのプロモーションを通して。
7▶ アクセス・カレンダー，口コミ。
8▶ コマーシャル，プレスリリース，トレーニング・ワークショップ，オープンハウス。
9▶ われわれのチャンネルでのプロモーションと地域紙での度重なる PR。
10▶ 地方紙へのプレスリリースと記事掲載。
11▶ 講座を受講する人々以外は，プロデューサーは育成していない。番組は時たま地方紙や，地方ラジオ放送局で告知される。学校のパブリック・アクセスの公示では絶えず，専用のチャンネルでは 1 日 24 時間の掲示板で宣伝している。

12▶ コミュニティに必要なものを与える。独自の計画を作ろうとしない。

13▶ 無回答

14▶ コミュニティラジオ，インターネット，ケーブルシステムの広報誌の地域広告でのクロスプロモーション。

15▶ 新聞の番組リスト，地域のテレビガイド，チャンネルのオンエア予告，コンピューターが生成する番組のループ。われわれは地域の大学や高校などの奉仕団体を通して手の届く範囲で募集しているが，多くのプロデューサーは熱心なメンバーからの口コミによって参加している。

16▶ ニュースレター，ケーブルのチャンネルでのメッセージ，コミュニティでの発表，ワークショップでの訓練，コミュニティを基礎とした訓練とワークショップ，ウェブサイト。

17▶ 無回答

18▶ パブリック・アクセスについて市民への教育，大学でのインターンシップ，高校生の勧誘や設備の使い方についての講義，コミュニティについて良質の番組を作ること，多様性のある番組を提供，コミュニティの中で打ち出す。去年700を超える新しい番組が生まれた。

19▶ 地域のパブリック・アクセスのために制作する手段を提供する。

20▶ 紙媒体の広告とコミュニティの掲示板。

21▶ コミュニティの掲示板によるお知らせとオンエアでの注意書き。

22▶ チャンネルとニュースリリースと公共イベント，公聴会でのお知らせ。制作者の作品を見ることだけでは決定することができないメディアに対するパブリック・アクセスの重要性の中に深く根強い信念がある。チャンネルの使用は，ほんの少しの人々にしか必要性がないかもしれない。もしそうだとしても，それはあるべき姿だ。パブリック・アクセスTVの存在は，何をするかよりもより重要である。おそらく何をしうるかという理由ではなく，おそらくわれわれがその権利を有しているからである。それはわれわれが求めるときに，そこになくてはならない。

23▶ チャンネルを横断したスポット広告，ニュースリリース，地域のお知らせや常時テレビでの宣伝。

24▶ われわれがコマーシャルをしていなかったときから，視聴率が重要ではない暇な時間の多くは，チャンネル使用者募集のプロモーションに費やしている。

25▶ 口コミ，オンエアの宣伝，新聞広告や月1回ケーブルガイドの広告。

26▶ たくさんの広告とプロモーション—ワークショップを含めて—毎年われわれはテレソンを行って，より多くの視聴者やわれわれとともに番組を制作するプロデューサーを集める。

27▶ 多くは口コミ。時々コミュニティの掲示板チャンネルを経由した番組の訪問プロモ

ーションで。
28▶ 宣伝ワークショップ，口コミ，プロデューサーが彼らの番組について自分でプレスリリースをする。視聴者は，これらのプレスリリースやわれわれの基本的なサービスであるアクセスチャンネルから生まれてくる。われわれは積極的に新しい番組を求めているわけではない。
29▶ チャンネルを横断したプロモーション。
30▶ 学校を通した広告。
31▶ 無回答
32▶ 無回答
33▶ 無回答
34▶ 無回答
35▶ 無回答
36▶ 無回答
37▶ 無回答
38▶ われわれは視聴者を，TV8のスケジュール予定表より得ている，チャンネルでの予告や新聞の予定表。ここ2，3年間で新しいプロデューサーを生み出す上で，広報の方法に優先順位はなかった。
39▶ 週間予定表として地方紙に載るわれわれの放送スケジュール，われわれは毎年1,000人の視聴者に番組のチラシを送っている。プロデューサーは口コミで集まってくる。番組やプロデューサーに関する直接の勧誘はない。
40▶ 新聞での放送スケジュールの広告，コミュニティや図書館などへの郵送。センターは高校にあるので，放送による広告。放送局に地域福祉団体を招待する。
41▶ 無回答
42▶ われわれはスケジュールを作り，生電話番組や番組の編成を前もって決めること，とてもよく効くのが口コミ，地域のイベントの告知と，アーティストの団体，NPO，身近な団体や企業に知らせることによって視聴者を生み出している。われわれはプロデューサーを，多くは中学・高校と大学やNPOから募集する。
43▶ 大学とチャンネルを宣伝するビデオを制作するプロデューサー2人を雇っている。彼らは地域の番組を演出し，制作もしている。
44▶ 口コミによって。地域メディアを使ったお知らせによって（無料のものだけ）。番組スケジュールを郵送することによって。
45▶ プロデューサー募集のために，パンフレットを含めたPR番組をもっているほか，新会員を得るための6分間のビデオを作っている。
46▶ われわれは地域の興味ある番組への出演によって視聴者を生み出す。われわれはワークショップの運営と口コミによってプロデューサーを生み出す。

47▶ コミュニティの需要に従って，チャンネルを最大限に利用する。視聴者にとってもユーザーにとっても利用しやすいサービスを提供する。門戸を開くために敷居が低くアクセスしやすいサービスを作る。
48▶ それはよくあることで，われわれは今1年遅れているが，3年ごとに視聴調査を試みている（視聴者が番組のダビングを欲しいかどうか知らせてもらう）。
49▶ 新聞の記事。口コミ。新聞の「人々や場所の特殊欄」への番組リスト。
50▶ 新聞が放送スケジュールを載せる。行政アクセスチャンネルは基本的に掲示板で，われわれはそこにスケジュールを載せて放送する。口コミ。ゲストを通して。プロデューサー：前へ出てきて参加したい人々は，「両手を広げて」歓迎する。しかし，予算やコーディネーターがいなければ，われわれは人々をトレーニングできない。われわれはさらにプロデューサーを生み出そうとし，講義を求めてコンタクトを取る人々がいるにもかかわらず，ケーブル会社は1994年の4月に講義をやめてしまった。われわれが開拓し，仕事を学んだときに，少数の人々が待ちくたびれてやって来た。

質問12：以上の質問では聞かなかったけれど，ぜひ伝えておきたいと思うことはありませんか？

1▶ ケーブル産業が堅調で，フランチャイズ認可料がサン・プレーリーにおいてケーブルアクセスを支えるのに十分である限りは，追加の寄付を求める必要はない。収入が衛星アンテナやビデオ音声ダイヤルや，他の技術が原因でもし減少したら，われわれは追加の収入源を探さなければならないだろう。われわれは地域の寄付集めの活動を増やすだけでなく，署名付き寄付の可能性やユニバーサルサービス基金への参加の可能性を探っている。
2▶ われわれは，独立系プロデューサー80～90％と非営利組織10～20％という割合から，非営利組織80～90％と独立系プロデューサー10～20％へと転換を試みている。その変化は，非営利のコミュニティのために彼らのサービスをより大規模にプロモーションする必要性と利用者が少ないと視聴者も少ない状況を打破する意味がある。
3▶ 私は，ケーブルの収入（フランチャイズ認可料を含め）がこの数年間で低下してくるにつれて，パブリック・アクセスセンターがここ数年間で小規模になってきていると思う。アクセスセンターは収入源の数を増やさなければならない。われわれは共同助成金の獲得において，他のNPOと共に働きかけることで成功してきた。どのNPOにとっても互いに大きく宣伝することで効果が上がると予測する。資金提供者は，これらのプロジェクトに寄付するのが好きだ。
4▶ 無回答
5▶ われわれは寄付集めに頼っていない。願わくば，プロデューサーとともに働く代わ

付録1：アンケートと回答

りに，われわれの時間の多くを資金集めに費やすことにはならないだろう。われわれは寄付とフランチャイズ認可料を通して予算を確実なものにするために，コミュニティにとってわれわれ自身の価値を高めようとしている。

6▶ われわれは，ミッドランド-MCTVの3＆5によって運用されているパブリック・アクセス／行政アクセスTV局である。

7▶ 無回答

8▶ TCIは7つの町によってフランチャイズされている。どの町の設備も，TCIによって寄付されている。各々の町は，パブリック・アクセスのために作られた3つのチャンネルを持っている。18がパブリック，19が教育，20が行政，21が7つの町すべての地域とサービスのチャンネルである。すべての町の18，19，20は，その町に関する情報を生み出す。

9▶ 無回答

10▶ 無回答

11▶ 無回答

12▶ すべての地域のスタジオは，高校の中に設置されなければならない。それがあなたができる援助だ。

13▶ 無回答

14▶ コミュニティラジオは2番目のポジションとして資金集めのディレクターを雇用した。PEGアクセスは，寄付を集める人を雇わない。フランチャイズ認可料は，資金調達と同一のものとして使われている。

15▶ われわれのウェブサイト www.comtv.com. にアクセスするか，www.comtv@comtv.com. にメールください。

16▶ 無回答

17▶ 無回答

18▶ 無回答

19▶ 無回答

20▶ 無回答

21▶ 無回答

22▶ 無回答

23▶ 無回答

24▶ カリフォルニアやNYからの嫌われている集団や裸のトークショーのような過激論者を除いて，ほとんどのパブリック・アクセス番組は，立派で誠実である。また，普通の人が検閲なしにマスメディアにアクセスできる地球上で唯一の場所である。

25▶ 無回答

26▶ この4年間であなた方は大きな飛躍と躍動によって発展し，資源をほとんど使い果

たしてしまった。あなた方は，何に祈るのか注意して下さい！

27▶ 彼らが地域のフランチャイズエリアの住人でなくとも，誰もパブリック・アクセスを否定しない。

28▶ 無回答

29▶ われわれはパブリック・アクセスの設備ではない。したがって市民は施設に入ることも使用することなどできない。このために，あなたの質問の多くは適さない。

30▶ 無回答
31▶ 無回答
32▶ 無回答
33▶ 無回答
34▶ 無回答
35▶ 無回答
36▶ 無回答
37▶ 無回答

38▶ 最近の新聞記事は，衛星放送がケーブル会社に挑戦して地域の番組に参加するようになるだろうと書いた。これを支持するために加える情報がありますか？

39▶ 無回答
40▶ 無回答
41▶ 無回答

42▶ われわれは，最初から成長と発展のプロセスが，お金という神によって支配されていることを明らかにする。われわれの成長は，かなりゆっくりしていて，スタッフたちは便利なサービスを求める市民のニーズに応えるようにしたため過重労働になってしまった。もし1つの機材が壊れて修理が必要になったら，われわれは作業が遅れてしまい，時には金銭的に苦しくなる。しかし，すべてが絶望的ではない。われわれはよく機能するようにマネジメントし，ボランティアや潜在的な視聴者を増やすことに成功している。

43▶ 私はあなた方が，教育アクセスを行うケーブル局は無料や低コストの番組／PSAに依存しなければならないということを考慮することに失敗していると考える。

44▶ われわれは独特の状況である。田舎にあって，17の小さな町が70マイルの距離に広がっている。われわれのケーブル会社は，共同所有されていて，われわれの状況はまったく型にはまらない。ケーブル会社はわれわれに好意的だが，現実の利益はわれわれに分けられないし，常識的であるフランチャイズ協定もない。

45▶ このボストンの西部には，商業的か公共的なテレビ局はない。よってわれわれこそが，地域を映し出す唯一のテレビ局である。これは2重の役割を果たすと定義される―伝統的なアクセスと地域のコミュニティ放送局である。

46▶ 無回答

47▶ 無回答
48▶ 無回答
49▶ 無回答
50▶ われわれは1年かそれくらい前にC.A.C.T.USと名付けた小さいボランティアグループである。だからわれわれはよりアイデンティティをもつことができた。その意味は，コンコード・エリア・コミュニティテレビはUS（われわれ）であるということである。文法は確実でも，CACTWEは変に聞こえる。われわれはパブリック・アクセスはコミュニティに多大な利益をもたらしうると考えている。われわれは，違った哲学や意見を持ち寄り，互いをサポートする。なぜなら，パブリック・アクセスの中に本当の価値を見出すだけでなく，加えて，パブリック・アクセスはわれわれに，楽しんで何かをするための機会を与えてくれる。それは長い努力であり，まだ終わっていないが，努力するに価するものである。

付録 2：パブリック・アクセスの方法と内容に関する連邦法 (Federal Laws Regarding Public Access Procedures and Content)

以下が現在の PEG 放送の番組内容，施設，番組制作者に関連する連邦法である。もっと詳しく執行方法や制限を知りたい場合は州法や自治体の条例，フランチャイズ契約などを参照してください（この「付録 2」は，正確を期するために原文のまま掲載する）。

1934 COMMUNICATIONS ACT (as amended by 1984, 1992 and 1996 Acts)

SEC. 522. Definitions — For purposes of this subchapter

(1) the term "activated channels" means those channels engineered at the headend of a cable system for the provision of services generally available to residential subscribers of the cable system, regardless of whether such services actually are provided, including any channel designated for public, educational, or governmental use ;

(2) the term "affiliate," when used in relation to any person, means another person who owns or controls, is owned or controlled by, or is under common ownership or control with, such person ;

(3) the term "basic cable service" means any service tier which includes the retransmission of local television broadcast signals ;

(4) the term "cable channel" or "channel" means a portion of the electromagnetic frequency spectrum which is used in a cable system and which is capable of delivering a television channel (as television channel is defined by the Commission by regulation) ;

(5) the term "cable operator" means any person or group of persons :

  (A) who provides cable service over a cable system and directly or through one or more affiliates owns a significant interest in such cable system, or

  (B) who otherwise controls or is responsible for, through any arrangement, the management and operation of such a cable system ;

(6) the term "cable service" means

  (A) the one-way transmission to subscribers of

    (i) video programming, or

    (ii) other programming service, and

  (B) subscriber interaction, if any, which is required for the selection or use of such video pro-

gramming or other programming service ;
(7) the term "cable system" means a facility, consisting of a set of closed trans-mission paths and associated signal generation, reception, and control equipment that is designed to provide cable service which includes video programming and which is provided to multiple subscribers within a community, but such term does not include :
  (A) a facility that serves only to retransmit the television signals of one or more television broadcast stations ;
  (B) a facility that serves subscribers without using any public right-of-way ;
  (C) a facility of a common carrier which is subject, in whole or in part, to the provisions of subchapter II of this chapter, except that such facility shall be considered a cable system (other than for purposes of section 541(c) of this title) to the extent such facility is used in the trans-mission of video programming directly to subscribers, unless the extent of such use is solely to provide interactive on-demand services ;
  (D) an open video system that complies with section 573 of this title ; or
  (E) any facilities of any electric utility used solely for operating its electric utility system ;
(8) the term "Federal agency" means any agency of the United States, including the Commission ;
(9) the term "franchise" means an initial authorization, or renewal thereof (including a renewal of an authorization which has been granted subject to section 546 of this title), issued by a franchis-ing authority, whether such authorization is designated as a franchise, permit, license, resolution, contract, certificate, agreement, or otherwise, which authorizes the construction or operation of a cable system ;
(10) the term "franchising authority" means any governmental entity empowered by Federal, State, or local law to grant a franchise ;
(11) the term "grade B contour" means the field strength of a television broad-cast station comput-ed in accordance with regulations promulgated by the Commission ;
(12) the term "interactive on-demand services" means a service providing video programming to subscribers over switched networks on an on-demand, point-to-point basis, but does not include services providing video programming prescheduled by the programming provider ;
(13) the term "multichannel video programming distributor" means a person such as, but not limit-ed to, a cable operator, a multichannel multipoint distribution service, a direct broadcast satellite service, or a television receive-only satellite program distributor, who makes available for pur-chase, by subscribers or customers, multiple channels of video programming ;
(14) the term "other programming service" means information that a cable operator makes avail-able to all subscribers generally ;

(15) the term "person" means an individual, partnership, association, joint stock company, trust, corporation, or governmental entity ;

(16) the term "public, educational, or governmental access facilities" means
- (A) channel capacity designated for public, educational, or governmental use ; and
- (B) facilities and equipment for the use of such channel capacity ;

(17) the term "service tier" means a category of cable service or other services provided by a cable operator and for which a separate rate is charged by the cable operator ;

(18) the term "State" means any State, or political subdivision, or agency thereof ;

(19) the term "usable activated channels" means activated channels of a cable system, except those channels whose use for the distribution of broadcast signals would conflict with technical and safety regulations as determined by the Commission ; and

(20) the term "video programming" means programming provided by, or generally considered comparable to programming provided by, a television broad-cast station.

SEC. 531. Cable channels for public, educational, or governmental use

(a) A franchising authority may establish requirements in a franchise with respect to the designation or use of channel capacity for public, educational, or govern-mental use only to the extent provided in this section.

(b) A franchising authority may in its request for proposals require as part of a franchise, and may require as part of a cable operator's proposal for a franchise renewal, subject to section 626, that channel capacity be designated for public,educational, or governmental use, and channel capacity on institutional networks be designated for educational or governmental use, and may require rules and procedures for the use of the channel capacity designated pursuant to this section.

(c) A franchising authority may enforce any requirement in any franchise regarding the providing or use of such channel capacity. Such enforcement authority includes the authority to enforce any provisions of the franchise for services,facilities, or equipment proposed by the cable operator which relate to public,educational, or governmental use of channel capacity, whether or not required by the franchising authority pursuant to subsection (b).

(d) In the case of any franchise under which channel capacity is designated under subsection (b), the franchising authority shall prescribe
- (1) rules and procedures under which the cable operator is permitted to use such channel capacity for the provision of other services if such channel capacity is not being used for the purposes designated, and
- (2) rules and procedures under which such permitted use shall cease.

(e) Subject to section 624(d), a cable operator shall not exercise any editorial control over any public, educational, or governmental use of channel capacity provided pursuant to this section, except a cable operator may refuse to transmit any public access program or portion of a public access program which contains obscenity, indecency, or nudity.

(f) For purposes of this section, the term "institutional network" means a communication network which is constructed or operated by the cable operator and which is generally available only to subscribers who are not residential subscribers.

SEC. 532. Cable channels for commercial use

(a) Purpose

The purpose of this section is to promote competition in the delivery of diverse sources of video programming and to assure that the widest possible diversity of information sources are made available to the public from cable systems in a manner consistent with growth and development of cable systems.

(b) Designation of channel capacity for commercial use

(1) A cable operator shall designate channel capacity for commercial use by persons unaffiliated with the operator in accordance with the following requirements :

(A) An operator of any cable system with 36 or more (but not more than 54) activated channels shall designate 10 percent of such channels which are not otherwise required for use (or the use of which is not prohibited) by Federal law or regulation.

(B) An operator of any cable system with 55 or more (but not more than 100) activated channels shall designate 15 percent of such channels which are not otherwise required for use (or the use of which is not prohibited) by Federal law or regulation.

(C) An operator of any cable system with more than 100 activated channels shall designate 15 percent of all such channels.

(D) An operator of any cable system with fewer than 36 activated channels shall not be required to designate channel capacity for commercial use by persons unaffiliated with the operator, unless the cable system is required to provide such channel capacity under the terms of a franchise in effect on October 30, 1984.

(E) An operator of any cable system in operation on October 30, 1984, shall not be required to remove any service actually being provided on July 1,1984, in order to comply with this section, but shall make channel capacity available for commercial use as such capacity becomes available until such time as the cable operator is in full compliance with this section.

(2) Any Federal agency, State, or franchising authority may not require any cable system to designate channel capacity for commercial use by unaffiliated persons in excess of the capaci-

ty specified in paragraph (1), except as other-wise provided in this section.

(3) A cable operator may not be required, as part of a request for proposals or as part of a proposal for renewal, subject to section 546 of this title, to designate channel capacity for any use (other than commercial use by unaffiliated persons under this section) except as provided in sections 531 and 557 of this title, but a cable operator may offer in a franchise, or proposal for renewal thereof, to provide, consistent with applicable law, such capacity for other than commercial use by such persons.

(4) A cable operator may use any unused channel capacity designated pursuant to this section until the use of such channel capacity is obtained, pursuant to a written agreement, by a person unaffiliated with the operator.

(5) For the purposes of this section, the term "commercial use" means the pro-vision of video programming, whether or not for profit.

(6) Any channel capacity which has been designated for public, educational, or governmental use may not be considered as designated under this section for commercial use for purpose of this section.

(c) Use of channel capacity by unaffiliated persons ; editorial control ; restriction on service ; rules on rates, terms, and conditions

(1) If a person unaffiliated with the cable operator seeks to use channel capacity designated pursuant to subsection (b) of this section for commercial use,the cable operator shall establish, consistent with the purpose of this section and with rules prescribed by the Commission under paragraph (4), the price,terms, and conditions of such use which are at least sufficient to assure that such use will not adversely affect the operation, financial condition, or market development of the cable system.

(2) A cable operator shall not exercise any editorial control over any video programming provided pursuant to this section, or in any other way consider the content of such programming, except that a cable operator may refuse to transmit any leased access program or portion of a leased access program which contains obscenity, indecency, or nudity and may consider such content to the minimum extent necessary to establish a reasonable price for the commercial use of designated channel capacity by an unaffiliated person.

SEC. 534 (2) Use of public, educational, or governmental channels

A cable operator required to carry more than one signal of a qualified low power station under this subsection may do so, subject to approval by the franchising authority pursuant to section 531 of this title, by placing such additional station on public, educational, or governmental channels not in use for their designated purposes.

(d) Remedies

(1) Complaints by broadcast stations

Whenever a local commercial television station believes that a cable operator has failed to meet its obligations under this section, such station shall notify the operator, in writing, of the alleged failure and identify its reasons for believing that the cable operator is obligated to carry the signal of such station or has otherwise failed to comply with the channel positioning or repositioning or other requirements of this section. The cable operator shall, within 30 days of such written notification, respond in writing to such notification and either commence to carry the signal of such station in accordance with the terms requested or state its reasons for believing that it is not obligated to carry such signal or is in compliance with the channel positioning and repositioning and other requirements of this section. A local commercial television station that is denied carriage or channel positioning or repositioning in accordance with this section by a cable operator may obtain review of such denial by filing a complaint with the Commission. Such complaint shall allege the manner in which such cable operator has failed to meet its obligations and the basis for such allegations.

(2) Opportunity to respond

The Commission shall afford such cable operator an opportunity to present data and arguments to establish that there has been no failure to meet its obligations under this section.

(3) Remedial actions ; dismissal

Within 120 days after the date a complaint is filed, the Commission shall determine whether the cable operator has met its obligations under this section. If the Commission determines that the cable operator has failed to meet such obligations, the Commission shall order the cable operator to reposition the complaining station or, in the case of an obligation to carry a station, to commence carriage of the station and to continue such carriage for at least 12 months. If the Commission determines that the cable operator has fully met the requirements of this section, it shall dismiss the complaint.

SEC. 535 (d) Placement of additional signals

A cable operator required to add the signals of qualified local noncommercial educational television stations to a cable system under this section may do so, subject to approval by the franchising authority pursuant to section 531 of this title, by placing such additional stations on public, educational, or governmental channels not in use for their designated purposes.

SEC. 541. General franchise requirements

(a) Authority to award franchises ; public rights-of-way and easements ; equal access to ser-

vice ; time for provision of service ; assurances
(4) In awarding a franchise, the franchising authority
  (A) shall allow the applicant's cable system a reasonable period of time to become capable of providing cable service to all households in the franchise area ;
  (B) may require adequate assurance that the cable operator will provide adequate public, educational, and governmental access channel capacity, facilities, or financial support ; and
  (C) may require adequate assurance that the cable operator has the financial, technical, or legal qualifications to provide cable service.

SEC. 542. Franchise fees

(a) Payment under terms of franchise Subject to the limitation of subsection (b) of this section, any cable operator may be required under the terms of any franchise to pay a franchise fee.

(b) Amount of fees per annum For any twelve-month period, the franchise fees paid by a cable operator with respect to any cable system shall not exceed 5 percent of such cable operator's gross revenues derived in such period from the operation of the cable system to provide cable services. For purposes of this section, the 12-month period shall be the 12-month period applicable under the franchise for accounting purposes. Nothing in this subsection shall prohibit a franchising authority and a cable operator from agreeing that franchise fees which lawfully could be collected for any such 12-month period shall be paid on a prepaid or deferred basis ; except that the sum of the fees paid during the term of the franchise may not exceed the amount, including the time value of money, which would have lawfully been collected if such fees had been paid per annum.

(c) Itemization of subscriber bills Each cable operator may identify, consistent with the regulations prescribed by the Commission pursuant to section 543 of this title, as a separate line item on each regular bill of each subscriber, each of the following :
  (1) The amount of the total bill assessed as a franchise fee and the identity of the franchising authority to which the fee is paid.
  (2) The amount of the total bill assessed to satisfy any requirements imposed on the cable operator by the franchise agreement to support public, educational, or governmental channels or the use of such channels.
  (3) The amount of any other fee, tax, assessment, or charge of any kind imposed by any governmental authority on the transaction between the operator and the subscriber.

(d) Court actions ; reflection of costs in rate structures
  In any court action under subsection (c) of this section, the franchising authority shall demonstrate that the rate structure reflects all costs of the franchise fees.

(e) Decreases passed through to subscribers

Any cable operator shall pass through to subscribers the amount of any decrease in a franchise fee.

(f) Itemization of franchise fee in bill

A cable operator may designate that portion of a subscriber's bill attributable to the franchise fee as a separate item on the bill.

(g) "Franchise fee" defined

For the purposes of this section

(1) the term "franchise fee" includes any tax, fee, or assessment of any kind imposed by a franchising authority or other governmental entity on a cable operator or cable subscriber, or both, solely because of their status as such ;

(2) the term "franchise fee" does not include

   (A) any tax, fee, or assessment of general applicability (including any such tax, fee, or assessment imposed on both utilities and cable operators or their services but not including a tax, fee, or assessment which is unduly discriminatory against cable operators or cable subscribers) ;

   (B) in the case of any franchise in effect on October 30, 1984, payments which are required by the franchise to be made by the cable operator during the term of such franchise for, or in support of the use of, public, educational, or governmental access facilities ;

   (C) in the case of any franchise granted after October 30, 1984, capital costs which are required by the franchise to be incurred by the cable operator for public, educational, or governmental access facilities ;

   (D) requirements or charges incidental to the awarding or enforcing of the franchise, including payments for bonds, security funds, letters of credit, insurance, indemnification, penalties, or liquidated damages ; or

   (E) any fee imposed under title 17.

(h) Uncompensated services ; taxes, fees and other assessments ; limitation on fees

   (1) Nothing in this chapter shall be construed to limit any authority of a franchising authority to impose a tax, fee, or other assessment of any kind on any person (other than a cable operator) with respect to cable service or other communications service provided by such person over a cable system for which charges are assessed to subscribers but not received by the cable operator.

   (2) For any 12-month period, the fees paid by such person with respect to any such cable service or other communications service shall not exceed 5 percent of such person's gross revenues derived in such period from the provision of such service over the cable system.

(i) Regulatory authority of Federal agencies

Any Federal agency may not regulate the amount of the franchise fees paid by a cable operator, or regulate the use of funds derived from such fees, except as provided in this section.

SEC. 543 (b) Establishment of basic service tier rate regulations

(1) Commission obligation to subscribers

The Commission shall, by regulation, ensure that the rates for the basic service tier are reasonable. Such regulations shall be designed to achieve the goal of protecting subscribers of any cable system that is not subject to effective competition from rates for the basic service tier that exceed the rates that would be charged for the basic service tier if such cable system were subject to effective competition.

(2) Commission regulations

Within 180 days after October 5, 1992, the Commission shall prescribe, and periodically thereafter revise, regulations to carry out its obligations under paragraph (1). In prescribing such regulations, the Commission

(A) shall seek to reduce the administrative burdens on subscribers, cable operators, franchising authorities, and the Commission ;

(B) may adopt formulas or other mechanisms and procedures in complying with the requirements of subparagraph (A) ; and

(C) shall take into account the following factors :

(i) the rates for cable systems, if any, that are subject to effective competition ;

(ii) the direct costs (if any) of obtaining, transmitting, and otherwise pro-viding signals carried on the basic service tier, including signals and ser-vices carried on the basic service tier pursuant to paragraph (7)(B), and changes in such costs ;

(iii) only such portion of the joint and common costs (if any) of obtaining, transmitting, and otherwise providing such signals as is determined, in accordance with regulations prescribed by the Commission, to be reasonably and properly allocable to the basic service tier, and changes in such costs ;

(iv) the revenues (if any) received by a cable operator from advertising from programming that is carried as part of the basic service tier or from other consideration obtained in connection with the basic service tier ;

(v) the reasonably and properly allocable portion of any amount assessed as a franchise fee, tax, or charge of any kind imposed by any State or local authority on the transactions between cable operators and cable subscribers or any other fee, tax, or assessment of general applicability imposed by a governmental entity applied against cable operators or cable

subscribers ;
- (vi) any amount required, in accordance with paragraph (4), to satisfy franchise requirements to support public, educational, or governmental channels or the use of such channels or any other services required under the franchise ; and
- (vii) a reasonable profit, as defined by the Commission consistent with the Commission's obligations to subscribers under paragraph (1).

(3) Equipment

The regulations prescribed by the Commission under this subsection shall include standards to establish, on the basis of actual cost, the price or rate for

- (A) installation and lease of the equipment used by subscribers to receive the basic service tier, including a converter box and a remote control unit and, if requested by the subscriber, such addressable converter box or other equipment as is required to access programming described in paragraph
- (8) ; and
- (B) installation and monthly use of connections for additional television receivers.

(4) Costs of franchise requirements

The regulations prescribed by the Commission under this subsection shall include standards to identify costs attributable to satisfying franchise requirements to support public, educational, and governmental channels or the use of such channels or any other services required under the franchise.

(5) Implementation and enforcement

The regulations prescribed by the Commission under this subsection shall include additional standards, guidelines, and procedures concerning the implementation and enforcement of such regulations, which shall include

- (A) procedures by which cable operators may implement and franchising authorities may enforce the regulations prescribed by the Commission under this subsection ;
- (B) procedures for the expeditious resolution of disputes between cable operators and franchising authorities concerning the administration of such regulations ;
- (C) standards and procedures to prevent unreasonable charges for changes in the subscriber's selection of services or equipment subject to regulation under this section, which standards shall require that charges for changing the service tier selected shall be based on the cost of such change and shall not exceed nominal amounts when the system's configuration permits changes in service tier selection to be effected solely by coded entry on a computer terminal or by other similarly simple method ; and
- (D) standards and procedures to assure that subscribers receive notice of the availability of the

basic service tier required under this section.

(6) Notice

The procedures prescribed by the Commission pursuant to paragraph (5)(A) shall require a cable operator to provide 30 days' advance notice to a franchising authority of any increase proposed in the price to be charged for the basic service tier.

(7) Components of basic tier subject to rate regulation

(A) Minimum contents

Each cable operator of a cable system shall provide its subscribers a separately available basic service tier to which subscription is required for access to any other tier of service. Such basic service tier shall, at a mini-mum, consist of the following :

(i) All signals carried in fulfillment of the requirements of sections 534 and 535 of this title.

(ii) Any public, educational, and governmental access programming required by the franchise of the cable system to be provided to subscribers.

(iii) Any signal of any television broadcast station that is provided by the cable operator to any subscriber, except a signal which is secondarily transmitted by a satellite carrier beyond the local service area of such station.

SEC. 545. Modification of franchise obligations

(a) Grounds for modification by franchising authority ; public proceeding ; time of decision

(1) During the period a franchise is in effect, the cable operator may obtain from the franchising authority modifications of the requirements in such franchise

(A) in the case of any such requirement for facilities or equipment, including public, educational, or governmental access facilities or equipment, if the cable operator demonstrates that

(i) it is commercially impracticable for the operator to comply with such requirement, and

(ii) the proposal by the cable operator for modification of such requirement is appropriate because of commercial impracticability ; or

(B) in the case of any such requirement for services, if the cable operator demonstrates that the mix, quality, and level of services required by the franchise at the time it was granted will be maintained after such modification.

(2) Any final decision by a franchising authority under this subsection shall be made in a public proceeding. Such decision shall be made within 120 days after receipt of such request by the franchising authority, unless such 120-day period is extended by mutual agreement of the cable operator and the franchising authority.

(b) Judicial proceedings ; grounds for modification by court

(1) Any cable operator whose request for modification under subsection (a) of this section has been denied by a final decision of a franchising authority may obtain modification of such franchise requirements pursuant to the provisions of section 555 of this title.

(2) In the case of any proposed modification of a requirement for facilities or equipment, the court shall grant such modification only if the cable operator demonstrates to the court that :

(A) it is commercially impracticable for the operator to comply with such requirement ; and

(B) the terms of the modification requested are appropriate because of commercial impracticability.

(3) In the case of any proposed modification of a requirement for services, the court shall grant such modification only if the cable operator demonstrates to the court that the mix, quality, and level of services required by the franchise at the time it was granted will be maintained after such modification.

(c) Rearrangement, replacement, or removal of service

Notwithstanding subsections (a) and (b) of this section, a cable operator may, upon 30 days' advance notice to the franchising authority, rearrange, replace, or remove a particular cable service required by the franchise if

(1) such service is no longer available to the operator ; or

(2) such service is available to the operator only upon the payment of a royalty required under section 801(b)(2) of title 17, which the cable operator can document

(A) is substantially in excess of the amount of such payment required on the date of the operator's offer to provide such service, and

(B) has not been specifically compensated for through a rate increase or other adjustment.

(d) Rearrangement of particular services from one service tier to another or other offering of service

Notwithstanding subsections (a) and (b) of this section, a cable operator may take such actions to rearrange a particular service from one service tier to another, or otherwise offer the service, if the rates for all of the service tiers involved in such actions are not subject to regulation under section 543 of this title.

(e) Requirements for services relating to public, educational, or governmental access A cable operator may not obtain modification under this section of any requirement for services relating to public, educational, or governmental access.

(0 "Commercially impracticable" defined

For purposes of this section, the term "commercially impracticable" means, with respect to any requirement applicable to a cable operator, that it is commercially impracticable for the operator to comply with such requirement as a result of a change in conditions which is beyond the control of the operator and the nonoccurrence of which was a basic assumption on which the requirement was based.

SEC. 557. Existing franchises

(a) The provisions of
   (1) any franchise in effect on the effective date of this subchapter, including any such provisions which relate to the designation, use, or support for the use of channel capacity for public, educational, or governmental use, and
   (2) any law of any State (as defined in section 153 of this title) in effect on October 30, 1984, or any regulation promulgated pursuant to such law, which relates to such designation, use or support of such channel capacity, shall remain in effect, subject to the express provisions of this subchapter, and for not longer than the then current remaining term of the franchise as such franchise existed on such effective date.
(b) For purposes of subsection (a) of this section and other provisions of this sub-chapter, a franchise shall be considered in effect on the effective date of this sub-chapter if such franchise was granted on or before such effective date.

SEC. 558. Criminal and civil liability

Nothing in this subchapter shall be deemed to affect the criminal or civil liability of cable programmers or cable operators pursuant to the Federal, State, or local law of libel, slander, obscenity, incitement, invasions of privacy, false or misleading advertising, or other similar laws, except that cable operators shall not incur any such liability for any program carried on any channel designated for public, educational, governmental use or on any other channel obtained under section 532 of this title or under similar arrangements unless the program involves obscene material.

付録3：判例の引用一覧

Case Name	Case Number	Date
U.S. v. O'Brien	391 U.S. 367	1968
U.S. v. Southwestern Cable Co.	392 U.S. 157	1968
Red Lion Broadcasting Co. v. FCC	395 U.S. 367	1969
U.S. v. Midwest Video Corp. (Midwest Video I)	406 U.S. 649	1972
Miami Herald Publishing Co. v. Tornillo	418 U.S. 241	1974
American Civil Liberties Union v. FCC	523 F.2d 1344	1975
Buckley v. Valeo	424 U.S. 1	1976
National Association of Regulating Utility Commissioners v. FCC	533 F.2d 601	1976
Home Box Office v. FCC	567 F.2d 9	1977
Brookhaven Cable TV. v. Kelly	573 F.2d 765	1978
FCC v. Midwest Video Corporation (Midwest II)	440 U.S. 689	1979
Columbia Broadcasting System v. Democratic National Committee	412 U.S. 94	1973
Community Communications v. City of Boulder	485 F.Supp. 1035	1980
Community Television of Utah v. Roy City	555 F.Supp. 1164	1982
Missouri Knights of the Ku Klux Klan v. Kansas City, Missouri	723 F.Supp. 1347	1989
Perry Education Association v.		

Perry Local Educators' Association	460 U.S. 37	1983
Rees v. State of Texas	909 S.W.2d	1995
Capital Cities Cable v. Crisp	467 U.S. 691	1984
Quincy Cable TV v. FCC	768 F.2d 1434	1985
Berkshire Cablevision of RI v. Burke	773 F.2d 382	1985
Erie Telecommunications v. City of Erie	659 FSupp. 580	1987
Turner Broadcasting System v. FCC	512 U.S. 1145	1994
Turner Broadcasting System v. FCC	117 S.Ct. 1174	1997
Alliance for Community Media v. FCC	10 F.3d 812	1993
Daniels Cablevision v. U.S.	835 FSupp. 1	1993
Denver Area Educational Telecommunications Consortium v. FCC	116 S.Ct. 2374	1996

付録4：関連団体一覧

Alliance for Community Media
   http://www.ourchannels.org

―――――――――― **Free or At-Cost Programming** ――――――――――

The Department of Education
   http://www.ed.gov/
The First Amendment Center
   http://www.firstamendmentcenter.org/

―――――――――― **Media Literacy Information** ――――――――――

National Telemedia Council, Inc.
   http://www.nationaltelemidiacouncil.org/
New Mexico Media Literacy Project
   http://www.nmmlp.org/
Just Think Foundation
   http://www.justthink.org
Center for Media Literacy
   http://www.medialit.org

―――――――――― **Nonprofit Information (Including Fund Raising)** ――――――――――

Benton Foundation
   http://www.benton.org
Center for Nonprofit Management University of St. Thomas
   http://www.stthomas.edu/
   Offers workshops and classes on advanced topics in fund raising.
The Foundation Center
   http://www.foundationcenter.org/
   An independent nonprofit information clearinghouse.
National Center for Nonprofit Boards
   Publications and other resources for board development and fund raising.
Association of Fundraising Professionals
   http://www.afpnet.org/
   A professional association for fund raisers.

―――――――――――――――――――― **Books** ――――――――――

Klein, Kim. *Fundraising for Social Change*, 3d ed. Inverness, CA : Chardon Press, 1994.
Odendahl, Teresa. *Charity Begins at Home*. New York : NY Basic Books, Inc., 1990.
Poderis, Tony. *It's a Great Day to Fund Raise*. Willoughby Hills, OH : FundAmerica Press,

1996.

Seltzer, Michael. *Securing Your Organization's Future*. New York : The Foundation Center, 1987.

Shannon, James P., Ed. *The Corporate Contributions Handbook*. San Francisco : Jossey-Bass Inc., 1991.

―――――――――――――――――――――― **Other Publications** ――――

The Chronicle of Philanthropy published biweekly
    1255 23rd Street, NW Washington, D.C. 20037
Philanthropy Journal Online
    http://www.philanthropyjournal.org
Society for Nonprofit Organizations
    http://www.snpo.org/

―――――――――――――――――――――― **Other Resources** ――――

Fundsnet
    http://www.fundsnetservices.com

参考文献

The ABC's of Fund Seeking. Washington, D.C. : American Association of Retired Persons, 1994. *Abrams, et al. v. United States*, 250 U.S. 616 (1919).
"Access Channel Program Content Sparks Controversy." *The News Media and The Law* (Summer 1991) : 21-22.
Advertising by Charities : A Practical Guide to Raising Money by Press Advertising, Direct Mail, Posters, Radio and Television Appeals and Telephone Selling. London : Directory of Social Change, 1986.
Alexander, Ron, and Ira Gallen. "Past Creates Wave of TV Nostalgia." *New York Times*, 2 August 1990, Final edition, sec. C, 1.
Allard, Nicholas W. "1992 Cable Act : Just the Beginning." *Hastings Comm/Ent Law Journal*, 15 (1993) : 305-55.
Allen, Robert C. *Channels of Discourse, Reassembled*. Chapel Hill : University of North Carolina Press, 1992.
"Alliance for Community Media Takes Case to Supreme Court." *Manhattan Neighborhood Network News*, 1, no. 3 (1995) : 1-2.
Alliance for Community Media v. Federal Communications Commission, 10 E3d 812 (D.C. Cir. 1993).
Alternative Revenue Sources : Prospects, Requirements and Concerns for Nonprofits. San Francisco : Jossey-Bass, 1996.
Alvarez, Sally. "Television for the People." *News and Record* (Greensboro, North Carolina) 4 September 1994 : sec. A, 6.
Alvarez, Sally. "Reclaiming the Public Sphere : A Study of Public Access Cable Television Programming by the United States Labor Movement." Ph.D. Dissertation. Unpublished. Emory University (Atlanta, GA) : 1995.
Alvarez, Sally. "Building Community Support." *Community Media Review* (Spring 1997) : 9,20-21.
American Civil Liberties Union v. Federal Communications Commission, 523 F. 2d 1344 (1975).
Ammon, Ann, and Randal L. Sheeham. "National Issues Forum : The Reading and Pocatello Experiences." *Community Television Review*, 9, no. 1 (1986) : 24-25.
Amos, Janell Shride. *Fundraising Ideas : Over 225 Money Making Events for Community Groups*. Jefferson, North Carolina : McFarland, 1995.
Aristotle. Rhetoric. Translated by W. Rhys Roberts. New York : Random House, 1954.
Aristotle. The Politics. Ed. Stephen Everson. Cambridge, England : University of Cambridge Press, 1988.
Aspen's Guide to 60 Successful Special Events : How to Plan, Organize and Conduct

Outstanding Fund Raisers. Gaithersburg, MD : Aspen Public, 1996.

Atkin, David, and Robert LaRose. "Cable Access : Market Concerns Amidst the Marketplaces of Ideas." *Journalism Quarterly,* 68 (Fall 1991) : 354-62.

Aufderheide, Pat. "150 Channels and Nothin' On." *The Progressive,* 56 (1992) : 36-38.

Aufderheide, Pat. "Cable Television and the Public Interest." *Journal of Communication,* 42 (Winter 1992) : 52-65.

Aufderheide, Patricia. "Underground Cable : A Survey of Public Access Programming." Afterimage (Summer 1994) : 5-8.

Aufderheide, Pat, and Jeffrey Chester. *Talk Radio : Who's Talking? Who Listening?* Washington, D.C. : Benton Foundation, 1990.

Bagdikian, Ben H. *The Media Monopoly.* 4th ed. Boston : Beacon Press, 1992.

Baker, Bob. "'Poker Party's' Freewheeling Ace." *Los Angeles Times,* 27 October 1992, Home edition, sec. F, 9.

Barendt, Eric. "Access to Broadcasting." In *Broadcasting Law : A Comparative Study.* Oxford : Oxford University Press, 1993.

Barendt, Eric. "New Mind the Ownership, What About the Quality." *Index on Censorship* (April/May 1994) : 224-27.

Barnouw, Eric. *Tube of Plenty : The Evolution of American Television.* New York : Oxford University Press, 1977.

Barron, James. "Cable TV : The Big Picture." *New York Times,* 10 April 1994, 14.

Bauer, David G. The *"How-To" Grants Manual : Successful Grantseeking Techniques for Obtaining Public and Private Grants.* 3d ed. Phoenix : Oryx Press, 1995.

Bauer, David G. *The Effective Grantwriter.* Lincoln, NE : University of Nebraska Television, 1992.

Beck, Kirsten. *Cultivating the Wasteland : Can Cable Put the Vision back in Television?* New York : American Council for the Arts, 1983.

Becker, Carl L. *Freedom and Responsibility in the American Way of Life.* New York : Alfred A. Knopf, 1945.

Beecher, Andy. "Government Corner : James City County Government Access : Sacramento County Election Coverage." *Community Television Review,* 9, no. 4 (1986) : 20-21.

Bell, Jim. "Programming for Citizens : A Different Kind of Television." *Public Management* (June 1980) : 5-7.

Bergin, Bonita M. "Assessing Cost, Risks and Results." In *Achieving Excellence in Fund Raising.* Ed. by Henry A. Rosso. San Francisco : Jossey-Bass, 1991.

Berkshire Cablevision v. Burke, 659 FSupp. 580 (W.D. Pa. 1987).

Bernet, Mark J. "Quincy Cable and Its Effect on Access Provisions of the 1984 Cable Act." *Notre Dame Law Review,* 61 (1986) : 426-39.

Bernstein, Andrew A. "Access to Cable, Natural Monopoly and the First Amendment."

Columbia Law Review, 86 (1986): 1663-96.

Blasius, Chip. *Earning More Funds : Effective, Proven Fund Raising Strategies for Youth Groups*. Fort Wayne, IN : B.C. Creations, 1992.

Blau, Andrew. "Can We Talk? Access, Democracy and Connecting the Disconnected." Portland, OR : National Federation of Local Cable Programmers Convention, July 1991. Photocopied.

Blau, Andrew. "The Promise of Access." *The Independent* (April 1992): 22-26.

Blau, Andrew. "Soapbox Among the Soaps." *Index on Censorship* (February 1993): 5-7+.

Bloland, Harland G., and Rita Bornstein. "Fund Raising in Transition : Strategies for Professionalization." In *Taking Fund Raising Seriously*. Ed. by Dwight R. Burlingame and Lamont J. Hulse. San Francisco : Jossey-Bass, 1991.

Bluem, A. William. *Documentary in American Television*. New York : Hastings House, 1979.

Blum, Laurie. *The Complete Guide to Getting a Grant : How to Turn Your Ideas into Dollars*. New York : John Wiley & Sons, 1996.

Bogart, Lee. "Shaping a New Media Policy." *The Nation* (12 July 1993): 57-60.

Bollier, David. *The Information Superhighway and the Reinvention of Television*. Washington, DC : Center for Media Education, 1993.

Boozell, Greg, "What's Wrong with Public access Television?" *Art Papers*, 17, no. 4(July/August 1993): 7.

Boudreaux, Donald J., and Robert B. Ekelund, Jr. "The Cable Television Consumer Protection and Competition Act of 1992 : The Triumph of Private over Public Interest." *Alabama Law Review*, 44 (1993): 355-91.

Breiteneicher, Joe. *Quest for Funds Revisited : A Fund-Raising Starter Kit*. Washington, DC : National Trust for Historic Preservation, 1993.

Brenner, Daniel L., and Monroe E. Price. "The 1984 Cable Act : Prologue and Precedents." *Cardozo Arts and Entertainment*, 4 (1985): 19-50.

Bretz, Rudy. "Public Access Cable Television : Audiences." *Journal of Communication* (Summer 1975): 23-32.

Brey, Andy. "Instructional Television : Meeting the Needs of the Adult Learner." *Community Television Review*, 8, no. 4 (1985): 28-29.

Briller, Bert. "Accent on Access Television." *Television Quarterly*, 28, no. 2 (Spring 1996): 51-58.

Broadcasting and Cable Yearbook 1998. New Providence, NJ : R. R. Bowker, 1998.

Brody, Leslie G. *Effective Fund Raising : Tools and Techniques for Success*. Acton, MA : Copley Publishing Group, 1994.

Brody, Ralph. *Fund Raising Events : Strategies for Success*. Cleveland, OH : Federation for Community Planning, 1993.

Brookhaven Cable TV, Inc. v. Kelly, 573 E2d 765 (1979).

Brown, Les. "Free Expression is Unwelcome Rider of the Runaway Technology Train." Paper presented at the annual convention of the National Federation of Local Cable Programmers Convention, July 1980. Photocopied.

Buckley v. Valeo, 424 US 1 (1976).

Bunker, Matthew D. "Levels of First Amendment Scrutiny and Cable Access Channel Requirements." *Communication and Law*, 15 (1993) : 3-20.

Burlingame, Dwight. "Raising Money for Public Libraries : Insights from Experience." *New Directions for Philanthropic Fundraising* (fall 1995) : 95-107.

Buske, Sue Miller. "Improving Local Community Access Programming." *Public Management*, 62, no. 5 (June 1980) : 12-14.

Buske, Sue, and Dirk Koning. "Public, Educational and Governmental Access : Issues and Answers." *Community Television Review*, 5 (Spring 1991) : 5.

"Cable and the Public." *Greensboro (North Carolina) Daily News*, 12 April 1979, sec. A, 4.

Cable Communications Policy Act of 1984, U.S. Code, vol. 47, sec. 531-59,611 (1984).

Cable Television Consumer Protection and Competition Act of 1992, U.S. Code, vol. 47, sec. 531-59 (1992).

"Cable Television Information Bulletin." *Federal Communications Commission Fact Sheet* (November 1996) : 1-26.

"Cable Television in North Carolina." Raleigh, NC : N.C. Center for Public Policy Research, Inc., (1978) : 30-45.

Cable Television Report and Order 36 FCC 2d 143 (1972).

Cahill, Sheila M. "The Public Forum : Minimum Access, Equal Access and the First Amendment." *Stanford Law Review*, 28 (November 1975) : 117-148.

Capital Cities Cable v. Crisp, 467 US 2694 (1984).

Caristi, D. *Expanding Free Expression in the Marketplace : Broadcasting and the Public Forum*. Westport, CT : Quorum Books, 1992.

Cavin, Winston. "City Council Blasts 'Sorry' Cable TV," *Greensboro (North Carolina) Daily News*, 7 March 1979, sec. B, 1,9.

"Censored Air." *The Nation*, 253, no. 2 (July/August 1991) : 39-40.

Century Communications v. Federal Communications Commission, 835 E2d 292 (D.C. Cir. 1987).

Cerone, Daniel. "Time Warner Group Takes Big Step toward Future of Cable Television." *News & Record* (Greensboro, NC), 21 December 1991, sec. A, 22.

Charities and Broadcasting : A Guide to Radio and Television Appeals and Grants. London : Directory of Social Change, 1988.

Chess, Harvey. *Resources for Your Nonprofit Organization : A How To Do it Handbook*. Los Angeles : California Community Foundation, 1993.

Chun, Rene. "Here's Joey!" *New York,* 31, no. 18 (11 May 1998) : 32-37.
Church, Laurel M. "Community Access Television : What We Don't Know and Why We Don't Know It." *Journal of Film and Video,* 39 (Summer 1987) : 6-13.
City of Greensboro Cable Task Force Report, City of Greensboro, NC, September 1992. Unpublished.
Civille, Brian. "The Internet and the Poor." In *Public Access to the Internet.* Ed. Brian Kahlin and James Keller, 176-207. Cambridge, MA : MIT Press, 1995.
Clark, Jim. "Revolt in Videoland," *Triad (North Carolina)* 4, no. 1 (Winter 1979) : 17-21.
Clarkson, Robert L. "Invalidation of Mandatory Cable Access Requirements : Federal Communications Commission v. Midwest Video Corporation." *Pepperdine Law Review,* 7 (1980) : 469-89.
Clement, Hayes. "Students Learn about Television and Real Life." *News and Record* (Greensboro, NC) 26 July 1990, sec. People and Places, 1.
Cnaan, Ram, and Felice Perlmutter. "Using Private Money to Finance Public Services : The Case of the Philadelphia Department of Recreation." *New Directions for Philanthropic Fundraising* (Fall 1995) : 53-73.
Communication Act of 1934, U.S. Code, sec. 47.
Columbia Broadcasting System, Inc. v. Democratic National Committee, 412 US 94 (1973).
Community Channels, Free Speech & the Law : A Layman's Guide to Access Programming on Cable Television. San Francisco : Foundation for Community Service, 1988.
Community Communications Company v. City of Boulder, 485 ESupp. 1035 (1980).
Community Media Resource Directory, Washington, DC : Alliance for Community Media, 1994
Community Television of Utah v. Roy City, 555 ESupp. 1164 (1982).
Connelly, Anne. *Going-Going-Gone! : Successful Auctions for Non-Profit Institutions.* Greenwich, CT : Target Funding Group, 1993.
Cooke, Kevin, and Dan Lehrer. "The Whole World is Talking." *The Nation* (12 July 1993) : 60-64.
Copelan, John Journal, Jr., and A. Quinn Jones, III. "Cable Television, Public Access and Local Governments." *Entertainment and Sports Law Journal,* 1 (1984) : 37-51.
Corson, Ross. "Cable's Missed Connection : A Revolution that Won't Be Televised." In *American Mass Media : Industries & Issues.* Ed. Robert Atwan, Barry Orton, and William Vesterman. New York : Random House, 1986.
Coustel, J. P. "New Rules for Cable Television in the United States : Reducing the Market Power of Cable Operators." *Telecommunications Policy* (April 1993) : 200-20.

Cumerford, William R. *Start-to-Finish Fund Raising : How a Professional Organizes and Conducts a Successful Campaign*. Chicago : Precept Press, 1993.

Curran, James. "Mass Media and Democracy : A Reappraisal." In *Mass Media and Society*. Ed. James Curran and Michael Gurevitch, 82-117. New York : Edward Arnold, 1991.

Cutlip, Scott M. "Fund Raising in the U.S." *Society*, 27 (March/April 1990) : 59-62.

Czuckrey, William N. *Games for Fundraising*. Sarasota, FL : Pineapple Press, 1995.

Dager, Donna. "Providing Public Access to Children." *Community Television Review*, 8, no. 4 (1985) : 12-15.

Dahigren, Peter. *Television and the Public Sphere : Citizenship, Democracy and the Media*. London : Sage Publications, 1995.

Daley, Beth. "Tuning in Community TV." *Boston Sunday Globe*, 11 February 1996, NorthWeekly, 1, 20.

Daniels Cablevision, Inc. v. United States, 835 F.Supp. 1 (D.D.C. 1993).

Deetz, Stanley A. *Democracy in an Age of Corporate Colonization*. Albany, New York : SUNY Press, 1992.

Denver Area Educational Telecommunications Consortium v. Federal Communications Commission, 116 S. Ct. 2374 (1996).

Detroit, Doyle. Westsound Community Access Television, Bremerton, Washington, <DDetroit@aol.com>, Alliance for Community Media Listsery (a national, on-line newsgroup for public access workers, supporters, and advocates), 29 March 1997, 1:06 PM.

Devine, Robert H. "Protecting the Diversity." *Community Television Review*, 9, no. 1 (1986) : 34-35.

Devine, Robert H. "Video, Access and Agency." St. Paul, MN : National Federation of Local Cable Programmers Convention, 17 July 1992. Photocopied.

Devine, Robert H. "Discourses on Access : The Marginalization of a Medium." San Antonio, TX : Speech Communication Association Convention, November 1995. Photocopied.

Devine, Robert H. "Citizenship or Consumership." *Community Media Review*, 19, no. 3(1996) : 9.

DeWitt, Clyde. "Obscenity Law : What Does it Mean? . . . And Is it Fair?" *Community Television Review* (November/December 1991) : 12.

Dillon, Paul. "Activist Urges County to Rethink Public-Access TV." *Orlando Business Journal*, 15 (28 August-3 September 1998) : 3, 62.

Discover Total Resources : A Guide for Nonprofits. Pittsburgh, PA : Mellon Bank Corp., 1995.

Dority, Barbara. "Taking the Public Access out of Public Access." *The Humanist*, 54, no. 6(November 1994) : 37.

Doty, Pamela. "Public Access Cable Television : Who Cares?" *Journal of Communication,* 25, (Summer 1975) : 33-41.

Doyle, William. *Fund Raising 101 : How to Raise Money for Charities.* Kingsport, TN : American Fund Raising Institute, 1993.

Doyle, William L. *Fund Raising Ideas for All Nonprofits : Charities, Churches, Clubs, etc.* Kingsport, TN : American Fund Raising Institute, 1995.

"Educational Access the Leader in Lubbock." *Community Television Review* (Spring 1991) : 9-10.

Elischer, Tony. *Fund Raising.* London : Hodder and Stoughton, 1995.

Emerson, Thomas. *The System of Freedom of Expression.* New York : Random House, 1970.

Engelman, Ralph. "The Origins of Public Access Cable Television 1966-1972." *Journalism Monographs,* 23 (October 1990) : 1-47.

Engelman, Ralph. *Public Radio and Television in America : A Political History.* Thousand Oaks, CA : Sage Publications, 1996.

Entman, Robert. *Democracy without Citizens.* New York : Oxford University Press, 1989.

Entman, Robert M., and Steven S. Wildman. "Reconciling Economic and Non-Economic Perspectives on Media Policy : Transcending the Marketplace of Ideas." *Journal of Communication* (Winter 1992) : 5-19.

Erie Telecommunications v. City of Erie, 723 FSupp. 1347 (W.D. Mo. 1989).

Espinoza, Rick. *The Carnival Handbook and Other Fundraising Ideas*! Los Angeles, CA : Century West, 1994.

Evans, S. M., and H. Boyte. Free Spaces : *The Sources of Democratic Change in America.* New York : Harper and Row, 1986.

Events and Fund-Raisers : Hundreds of Copyright-Free Illustrations-All Ready to Use! Cincinnati, OH : F&W Publications, 1995.

Farhi, Paul. "Keeping an Eye on Cable Television." Washington Post National Weekly Edition, 10-16 February 1992, 6-7.

Federal Communications Commission v. Midwest Video Corporation, 440 US 689 (1979).

Ferguson, Majorie. *Public Communication : The New Imperatives.* London : SAGE Publications, 1990.

Ferguson, Jacqueline. *The Grant Organizer : A Streamlined System for Seeking, Winning and Managing Grants.* Alexandria, VA : Capitol Publications, 1993.

Ferguson, Jacqueline. *The Grants Development Kit.* Alexandria, VA : Capitol, 1993.

Ferguson, Jacqueline. *The Grantseeker's Answer Book : Grants Experts Respond to the Most Commonly Asked Questions.* Alexandria, VA : Capitol, 1995.

Fey, Don. *The Complete Book of Fund-Raising Writing.* Rosemont, NJ : Morris-Lee Publishing Group, 1995.

Financial Practices for Effective Fundraising. San Francisco : Jossey-Bass, 1994.

Finnegan, John R., Sr., and Claudia A. Haskel. "America and the Bill of Rights at a Historical Crossroads." *Community Television Review* (November/December 1991) : 7.

First Report and Order, 38 FCC 683 (1965).

Flanagan, Joan. *The Grass Roots Fundraising Book : How to Raise Money in Your Community*. Chicago : Contemporary Books, 1995.

Fogal, Robert E. "Standards and Ethics in Fundraising." In *Achieving Excellence in Fund Raising*. Ed. Henry A. Rosso. San Francisco : Jossey-Bass, 1991.

Fortnightly Corp. v. United Artists Television, 392 US 390 (1968). *The Foundation Center's User-Friendly Guide : Grantseeker's Guide to Resources*. Rev. ed. New York : The Foundation Center, 1996.

Fowler, Deborah L. "Diverse Programming v. Community Standards : The Constituionality of Municipal Censorship of Leased Access Cable" *San Diego Law Review*, 27(1990) : 493-519.

"Foxborough Council for Human Services." *Benton Bulletin*, 3 (1990) : *A Free and Responsible Press : A General Report on Mass Communication, Commission on Freedom of the Press*. Chicago : University of Chicago Press, 1947.

From Here to Technology : How to Fund Hardware, Software, and More. Arlington, Virginia : American Association of School Administrators, 1995.

Fuller, Linda K. *Community Television in the United States : A Sourcebook on Public, Educational, and Governmental Access*. Westport, CT : Greenwood Press, 1994.

Funding Resources Guide : 1996-97. Madison, WI : Associated Students of Madison, 1996.

Funding Sources for Community and Economic Development : A Guide to Current Sources for Local Programs and Projects. Phoenix, AZ : Oryx Press, 1995.

Fundraising by Public Institutions. San Francisco : Jossey-Bass, 1995.

Fund Raising Effectiveness : A Manual of Systems and Procedures for Higher Fundraising Productivity. New York : Nonprofit Management Group, CUNY, 1992.

Gaffney, Michael D. "Quincy Cable Television, Inc. v. Federal Communications Commission : Judicial Deregulation of Cable Television via the First Amendment." *Suffolk University Law Review*, 20 (1986) : 1179-1202.

Garnham, Nicholas. "The Media and the Public Sphere" *Intermedia* (January 1986) : 28-33.

Garrett, Laurel L. E. "Public Access Channels in Cable Television : The Economic Scarcity Rationale of Berkshire v. Burke." *Kentucky Law Journal*, 74 (1986) : 249-67.

Geller, Henry, and Donna Lampert. "Cable, Content Regulation and the First Amendment." *Catholic University Law Review*, 32 (1983) : 603-21.

George, Deborah. "The Cable Communications Policy Act of 1984 and Content

Regulation of Cable Television." *New England Law Review,* 20, no. 4 (1984-85) : 779-804.
Getting $'s for Your Project. Woodhaven, NY : Queens Council on the Arts, 1994.
Gilbertson, Peggy M. "Building a Volunteer Crew." *Community Television Review,* 9, no. 3 (1986) : 6-7.
Gillespie, Andrew, and Kevin Robins. "Geographical Inequalities : The Spatial Bias of the New Communications Technologies." *Community Television Review,* 16, no. 2 (March/April 1993) : 18.
Gillespie, Gilbert. *Public Access Cable Television in the United States and Canada.* New York : Praeger, 1975.
Gilmore, Elizabeth. "Pikas or Dinosaurs? : The Story of a Museum Television Show." *Community Television Review,* 10, no. 1 (1987) : 30-31.
Glenn-Davitian, Lauren. "Building the Empire : Access as Community Animation." *Journal of Film and Video,* 39 (Summer 1987) : 35-39.
Glist, Paul. "Cable Must Carry-Again" *Federal Communications Law Journal,* 39 (1987) : 109-21.
Good, Leslie T. "Power, Hegemony and Communication Theory in Cultural Politics." In *Contemporary America.* Ed. Ian Angus and Sut Jhally. New York : Routledge, 1989.
"Good Samaritan Hospital and Medical Center." *Benton Bulletin,* 3 (April 1990) : 37-39.
Graber, Doris A. *Processing the News : How People Tame the Information Tide.* New York : Longman, 1984.
Graber, Doris A. *Mass Media and American Politics.* Washington, D.C. : CQ Press, 1993.
Grabiner, Liz. "Empowering Disadvantaged Students." *Community Television Review,* 8, no. 4 (1985) : 10-11.
Graham, Andrea. "Tampa Bay Performs." *Community Television Review,* 10, no. 1 (1987) : 12.
Grant$ for Film, Media and Communications. New York : The Center, 1985.
Grantseeker's Desk Reference. Greenville, SC : Polaris, 1994. *The Grantseeker's Handbook of Essential Internet Sites.* Alexandria, VA : Capitol Publications, 1996.
Grant Seeking Fundamentals. Greenville, SC : Polaris, 1994.
Grant Write : A Step-by-Step System for Writing Grant Proposals that Win. Alexandria, VA : Capitol Publications, 1993.
Grant Writer's Assistant. Woodstock, GA : Falling Rock Software, 1994.
Grassroots Fundraising. Sacramento, CA : California State Library, 1995.
Greenfield, James M. "Financial Practices for Effective Fundraising." *New Directions for Philanthropic Fundraising* (Spring 1994) : 1-16.
Greenfield, Laura B. "Measuring Audiences For Government Access Programming." *Community Television Review,* 8, no. 3 (1985) : 8-9.
Gross, Charles. "Two on the Aisle : They're Public Access TV, Taking their Camcorder to

Broadway Shows." *Camcorder,* 13, no. 8 (August 1997) : 94-98.

Gross, Jane. "Using Cable TV to Get Child Support. *New York Times,* 14 November 1993, Final edition, sec. 1, 20.

Gruson, Lindsey. "Cablevision to Post Bond, to Install Public Access," *Greensboro (North Carolina) Daily News* (12 April 1979) : sec. C, 1.

Guidelines for Fundraising : Step by Step Fundraising. St. Paul, MN : Minnesota Association of Library Friends, 1995.

Gullett, Pamela B. "The 1984 Cable Flip Flop : From *Capital Cities Cable, Inc. v. Crisp* to the Cable Communications Policy Act." *The American University Law Review,* 34 (1985) : 557-90.

Habermas, Jurgen. "The Public Sphere." In *Rethinking Popular Culture : Contemporary Perspectives in Cultural Studies.* Ed. Chandra Mukerji and Michael Schudson. Berkeley, CA : University of California Press, 1991.

Habermas, Jurgen. *The Structural Transformation of the Public Sphere.* Cambridge, MA : MIT Press, 1989.

Hagon, Roger. "The Electronic Classroom in Trempeleau County, Wisconsin." *Community Television Review,* 8, no. 4 (1985) : 16-17.

Halleck, Dee Dee. "Whittling Away at the Public Sphere." *Community Television Review,* 16, no. 2 (March/April 1993) : 14.

Hammer, John. "No Standards for Public Access Television." *The Rhinocerous Times,* 5 September 1996, 1.

Hardenbergh, Margaret B. "Promise versus Performance : A Case Study of Four Public Access Channels in Connecticut." Ph.D. diss., New York University, 1985.

Harmon, Mark D. "Hate Groups and Cable Public Access." *Journal of Mass Media Ethics,* 6, no. 3 (1991) : 146-55.

Harris, Scott. "They Watch their Television Religiously." *Los Angeles Times,* 2 May 1993, Valley edition, sec. B, 1.

Harris, Susan. "L.L Cable Company Ordered to Restore a Public-Access Program" *New York Times,* 14 August 1994, Final edition, sec. 1, 44.

Harrison, Bill J. *Fundraising-The Good, the Bad, and the Ugly (and How to Tell the Difference) : A Nuts and Bolts Approach to Successful Fundraising.* Phoenix, AZ : Oryx Press, 1996.

Hathaway, Maureen. "An Integrated Approach." *Public Management* (June 1980) : 10-11.

Hayes, Rick. "Building First Amendment Partnerships." *Community Television Review* (November/December 1991) : 14.

Hernandez, Raymond. "Albany on the Air : Politically Savvy and Cable-Ready" *New York Times,* 20 June 1996, sec. B, 1.

Herring, Mark R. "TCC and Five Years of the Cable Communications Policy Act of

1984 :Tuning out the Consumer?" *University of Richmond Law Journal,* 24, no. 127 (1989) : 151-70.

Higgins, John M. "L.A. Mayor Rejects Public Access Funding." *Broadcasting & Cable,* 128, no. 36 (31 August 1998) : 47.

Hill, Chris. "Television Judit and Video Andras : An Interview with Judit Kopper and Andras Solyom." *The Humanist* (May/June 1994) : 9-14.

Hill, Steven. "Speech May Be Free, but it Sure Isn't Cheap" *The Humanist,* 54, no. 3 (May 1994) : 6.

Hocking, William Ernest. *Freedom of the Press : A Framework of Principle.* Chicago : University of Chicago Press, 1972.

Hogan, Margaret Mullen. "Public Hospital Fundraising in an Era of Health Care Reform." *New Directions for Philanthropic Fundraising* (Fall 1995) : 109-25.

Hollander, Richard. Video Democracy. Mt. Airy, MD : Lomond Publications, 1985.

Hollick, Clive. "Media Regulation and Democracy." *Index on Censorship* (April/May 1994) : 54-58.

Hollinrake, John D., Jr. "Cable Television : Public Access and the First Amendment." *Communications and the Law,* 9, no. 1 (February 1987) : 3-40.

Home Box Office, Inc. v. Federal Communications Commission, 567 F.2d 9 (1977).

Hopkins, Karen Brooks. *Successful Fundraising for Arts and Cultural Organizations.* Phoenix, AZ : Oryx Press, 1996.

Hops, Jeffrey. "Federal Appeals Court Declares PEG Access, DBS Non-Profit Set Aside Constitutional." Alliance for Community Media. *Public Policy Update,* 18 Sept. 1996, 1.

Horwood, James N. "Public, Educational, and Governmental Access on Cable Television : A Model to Assure Reasonable Access to the Information Superhighway for All People in Fulfillment of the First Amendment Guarantee of Free Speech." *Seton Hall Law Review,* 25 (1995) : 1413-45.

Horwood, James N. "Public Access and Internet : An Electronic Village of Voices." Raleigh, North Carolina : Alliance for Community Media Southeast and Mid-Atlantic Conference, November 1994. Photocopied.

How to Get More Grant$. Arlington, VA : Government Information Services, 1994.

How to Write a Winning Foundation Proposal. New York : Jean Sigler and Associates, 1994.

Howe, Fisher. *Fund Raising and the Nonprofit Board Member.* Washington, DC : National Center for Nonprofit Boards, 1990.

Howe, Fisher. *The Board Member's Guide to Fund Raising.* San Francisco : Jossey-Bass, 1991.

H. R. Rep No. 934, 98th Congress, 2nd Sess. 55, reprinted in 1984 *U.S. Code Congressional and Administration News,* 4655.

Ingraham, Sharon B. "Access Channels : The Problem is Prejudice." *Multichannel News,* 12, no. 37 (16 September 1991) : 43.

"Investigating Talk-Radio as Political Discourse." *Newslink,* 6, no. 3 (fall 1996) : 10.

Iverem, Esther. "Public Access Programs Scheduled for Brooklyn." Newsday (4 July 1990) : 29.

Jacobs, Andrew. "The Howard Stern of Cable." *New York Times,* 15 December 1996, 8CY.

Janes, Barry T. "History and Structure of Public Access Television." *Journal of Film and Video,* 39 (Summer 1987) : 14-23.

Jeavons, Thomas H. "Raising Funds for Public Libraries : A Current Overview." *New Directions for Philanthropic Fundraising* (Fall 1995) : 75-94.

Jessell, Harry A. "Federal Communications Commission Ponders Problems of Cable Reregulation." *Broadcasting* (26 October 1992) : 43-44.

Jessup, Lynn. "And Now . . . the News : Weaver Center Program Puts Students on Both Sides of Television Cameras." *News and Record* (Greensboro, NC), 24 October 1990, sec. People and Places, 1-2.

Johnson, Allan. "Television's Fringe Has its Say on Cable Access." *Chicago Tribune,* 6 December 1996, sec. 2, 1, 6.

Johnson, Fred. "Democracy in the Information Age." *Community Television Review,* 16, no. 2 (1993) : 6-7.

Johnson, Nicholas, and Gary G. Gerlach. "The Coming Fight for Cable Access." *Yale Review of Law and Social Action,* 2 (1972) : 217-25.

Kachur, Donald S. *Grantsmanship : Writing Competitive Proposals.* Normal, IL : Illinois State University, 1994.

Kahin, Brian. "The Internet and the National Information Infrastructure." In *Public Access to the Internet.* Ed. Brian Kahlin and James Keller. Cambridge, MA : MIT Press, 1995.

Kaitcer, Cindy R. *Raising Big Bucks : The Complete Guide to Producing Pledge-Based Special Events.* Chicago : Bonus Books, 1996.

Kaniss, Phyllis. *Making Local News.* Chicago : University of Chicago Press, 1991.

Kaniss, Phyllis. *The Media and the Mayor's Race.* Bloomington, IN : Indiana University Press, 1995.

Kaplan, Ann E., ed. *Giving USA 1998, Annual Report on Philanthropy for the Year 1997.* Norwalk, CT : AAFRC Trust for Philanthropy, 1997.

Karimi, Mohammad. *Iranian Television of Dallas : Cultural Issues, Preservation, and Community Formation.* Master's thesis, University of North Texas, 1997. Unpublished.

Karwin, Thomas J. "Fund-raising and Community Access." *Community Television Review* (January/February 1992) : 5-6.

Katz, Jesse. "New Episode of Tragedy Strikes a Mother's Crusade." *Los Angeles Times*, 4 April 1992, Home edition, sec. A, 1.

Kay, Peg. *Fund Raising for Cable Television Projects*. Washington, DC : Cable Television Information Center, 1974.

Kellman, Laurie. "Public-Access Cable Could Be Censored under a New Law." *The Washington Times*, 20 November 1992, sec. B, 8.

Kellner, Douglas. *Television and the Crisis of Democracy*. Boulder, CO : Westview Press, 1990.

Kellner, Douglas. "Public Access Television and the Struggle for Democracy." In *Democratic Communications in the Infomation Age*. Ed. Janet Wasko and Vincent Mosco. Norwood, NJ : Ablex Publishing, 1992.

Kelly, Kathleen S. *Building Fund-Raising Theory : An Empirical Test of Four Models of Practice*. Indianapolis, IN : Indiana University Center on Philanthropy, 1994.

Ketcham, Diane. "Long Island Journal." *New York Times*, 23 September 1990, Final edition, sec. LI, 12.

Kids and TV : A Parent's Guide to TV Viewing. Charlotte, NC : Public Affairs Division of Cablevision, n.d., 5.

Kieman, Michael. "To Watch is O.K., but To Air is Divine." *U.S. News and World Report*, (16 October 1989) : 112.

Klein, Kim. *Fund Raising for Social Change*. Inverness, CA : Chardon Press, 1994.

Koning, Dirk. "The First Amendment- 45 Fightin' Words." *Community Television Review* (November/December 1991) : 10-11.

Koning, Dirk. "Tactical Television in Paradiso." *Community Television Review*, 16, no. 2 (March/April 1993) : 10.

Kotarski, John. "Reporting Election Results Online." *The American City and County, Pittsfield*, 113, no. 5 (May 1998) : 8.

Kucharski, Carl. "The Long and Winding Road to Columbus." *Community Television Review* (Spring 1991) : 6-7.

Kucharski, Carl. "Access : The Rediscovered Country." *Community Media Review*, 18, no. 1 (1995) : 11.

Kuniholm, Roland. *The Complete Book of Model Fund-Raising Letters*. Englewood Cliffs, NJ : Prentice Hall, 1995.

Lampert, Donna. "Cable Television : Does Leased Access Mean Least Access?" *Federal Communications Law Journal*, 44 (1992) : 245-84.

Lant, Jeffrey L. *Development Today : A Fund Raising Guide for Nonprofit Organizations*. Rev. 4th ed. Cambridge, MA : JLA Publications, 1990.

LeDuc, John R. "Unbundling the Channels : A Functional Approach to Cable Television Legal Analysis." *Federal Communications Law Journal*, 41 (1988) : 1-16.

Lee, Bill. "Cable Television : It's 'The People's Television.'" *Greensboro (North*

Carolina) Daily News (2 September 1974) : sec. B, 1.

Lee, Bill. "Cable Television : Simple Idea Turns Wild." *Greensboro (North Carolina) Daily News* (2 September 1974) : sec. B, 1.

Lee, Bill. "Team Approach Lets Access TV Look Professional." *Greensboro (North Carolina) Daily News* (21 February 1975) : sec. B, 1.

Lehman, Ann W. *Fundraising Campaigns : Major Donor, Direct Mail, Corporate and Special Events*. San Francisco : Zimmerman, Lehman & Associates, 1994.

Lewis, T. Andrew. "Access, Advocacy and Democracy : What Will Be?" *Community Television Review* (November/December 1991) : 6.

Lewis, T. Andrew. "Access and the First Amendment : What Price Freedom of Expression?" *Community Television Review* (March/April 1993) : 1.

Lewis, Wilson C. "Investing More Money in Fund Raising-Wisely." In *Taking Fund Raising Seriously*, Ed. Dwight F. Burlingame and Lamont J. Hulse. San Francisco : Jossey-Bass, 1991. 257-71.

Lichtenberg, Judith. *Democracy and the Mass Media*. New York : Cambridge University Press, 1990.

Liebe, Timothy. "Going Public. Amateur Videos on Public Access Television." *Video Magazine*, 18, no. 3 (June 1994) : 42.

Lieberman, Lynda Suzanne. "Community Television and the Arts : Austin Style." *Community Television Review*, 10, no. 1 (1987) : 8-10.

Lloyd, Frank W. "The Federal Communications Commission's Cable Inquiry : An Opportunity to Reaffirm the Cable Act." *Cardozo Arts & Entertainment*, 8 (1990) : 337-86.

Lombardi, Robert L. "1992 Cable Act : Access Provisions and the First Amendment." *Seton Hall Constitutional Law Journal*, 4 (Winter 1993) : 163-235.

Lukenbill, W. Bernard. "Eroticized, AIDS-HIV Information on Public-Access Television : A Study of Obscenity, State Censorship and Cultural Resistance." *AIDS Education and Prevention*, 10, no. 3 (1998) : 229-44.

Lull, James. *Media, Communication, Culture*. New York : Columbia University Press, 1995.

Lutzker, Gary S. "The 1992 Cable Act and the First Amendment : What Must, Must not, and May Be Carried." *Cardozo Arts & Entertainment*, 12 (1993) : 467-97.

Lynn, David. *More Great Fundraising Ideas for Youth Groups : Over 150 Easy-to-Use Moneymakers that Really Work*. Grand Rapids, MI : Zondervan, 1996.

Lynn, William. *The Fundraising Auction Guide : A Workbook for Non-Profit Organizations*. Birmingham, MI : Heliographis, 1995.

Maddocks, Colin. *A Hundred and One Ways to Raise Money for Your Church or Local Charity*. Knutsford : Albino Services, 1994.

Maiella, James, Jr. "Marijuana Message on Public Access Cable TV Ignites Viewer's

Outrage." *Los Angeles Times*, 13 November 1993, Home edition, sec. A, 28.

Margolies, Eliot. "An Ideal Marriage : Access and De Anza College." *Community Television Review.* 8, no. 4 (1985) : 26-27.

Markey, Edward. "Cable Television Regulation : Promoting Competition in a Rapidly Changing World." *Federal Communications Law Journal,* 46 (1993) : 1-6.

Mathis, Emily Duncan. *Grant Proposals : A Primer for Writers.* Washington, D.C. : National Catholic Educational Association, 1994.

McCabe, Bruce. "BNN-TV Wins Top Award for Public-Access Efforts." *Boston Globe*, 6 July 1995, 62.

McChesney, Robert W. "Communication for the Hell of It : The Triviality of U.S. Broadcasting History." *Journal of Broadcasting and Electronic Media,* 40 (1996) : 540-52.

McConnell, Chris. "Cable Backs Public Interest Rules-for DBS." *Broadcasting and Cable,* 127, no. 19 (5 May 1997) : 21-24.

McConville, Jim. "MTV Makes 'Odd' Talk Choice." *Electronic Media,* 16, no. 7 (10 February 1997) : 8.

McDonald, Maureen. "It's Showtime : Business Programming Heats up Local Access Channels." *Detroiter,* 13, no. 12 (December 1991) : 73.

McIntyre, Jerilyn S. "The Hutchins Commission's Search for a Moral Framework." *Journalism History,* 6, no. 2 (Summer 1979) : 54-63.

McIntyre, Jerilyn S. "Repositioning a Landmark : The Hutchins Commission and Freedom of the Press." *Critical Studies in Mass Communication,* 4 (June 1987) : 136-60.

McKinley, James C., Jr. "U.S. Court Will Consider a Cable Company's Plan to Scramble a Blue Channel." *New York Times,* 16 September 1995, 16.

McLane, Betsy A. "Community Access Cable Television : Use it or Lose it." *Journal of Film and Video,* 39 (Summer 1987) : 3-4.

McNeil, Alex. *Total Television : A Comprehensive Guide to Programming from 1948 to the Present.* New York : Penguin Books, 1984.

McQuail, Denis. "Mass Media in the Public Interest : Towards a Framework of Norms for Media Performance." *In Mass Media and Society.* Ed. James Curran and Michael Gurevitch. New York : Edward Arnold, 1991.

Meadows, Donella. "Beware of the Right-Leaning Control of the Left-Leaning Media." *News and Record* (Greensboro, North Carolina), 9 April 1995, sec. F, 4.

Meiklejohn, Alexander. *Free Speech and its Relation to Self Government.* New York : Harper and Row, 1948.

Merrill, John Calhoun. *The Imperative of Freedom : A Philosophy of Journalistic Autonomy.* New York : Hastings House, 1974.

Meyerson, Michael I. "The Cable Communications Policy Act of 1984 : Balancing Act on the Coaxial Wires." *Georgia Law Review,* 19 (1985) : 543-622.

Meyerson, Michael I. "Cable Television's New Legal Universe : Early Judicial Response to the Cable Act." *Cardozo Arts and Entertainment Law Journal,* 6 (1987) : 1-36.

Meyerson, Michael I. "Amending the Oversight : Legislative Drafting and the Cable Act." *Cardozo Arts and Entertainment,* 8 (1990) : 233-55.

Meyerson, Michael I. "Public Access as a High Tech Public Forum." *Community Television Review* (November/December 1991) : 8-9.

Miami Herald Publishing Co. v. Tornillo, 418 U.S. 241 (1974).

Mill, John Stuart. *On Liberty, American State Papers.* Ed. R. M. Hutchins. Chicago : William Bennett, 1952.

Miller, James D., and Deborah Strauss, eds. *Improving Fundraising with Technology.* San Francisco : Jossey-Bass, 1996.

Miller, Joyce. "The Development of Community Television." *Community Television Review,* 9 (1986) : 12.

Miller, Nicholas P., and Alan Beales. "Regulating Cable Television." *Washington Law Review,* 57 (1981) : 85-86.

Miller, Nicholas P., and Joseph Van Eaton. "A Review of Developments in Cases Defining the Scope of the First Amendment Rights of Cable Television Operators." *Cable Television Law,* 2 (1993) : 298.

Mininberg, Mark. "Circumstances within our Control : Promoting Freedom of Expression through Cable Television." *Hastings Constitutional Quarterly,* 71 (1984) : 551-98.

Minner, Joseph S. "Potential Unlimited." *Public Management* (June 1980) : 7-8.

"Mission Viejo OKs Cable Channel for Public's Use." *Los Angeles Times,* 1 May 1993, Orange County edition, sec. B, 6.

Missouri Knights of the Ku Klux Klan v. City of Kansas City, Missouri, 723 F Supp. 1347 (W.D. Mo. 1989).

Money-Making Ideas for Your Event. Port Angeles, WA : International Festivals Association, 1993.

Morgan, Michael. "Television and Democracy." In *Cultural Politics in Contemporary America.* Ed. Ian Angus and Sut Jhally. New York : Routledge, 1989.

Moss, Mitchell L., and Robert Warren. "Public Policy and Community-Oriented Uses of Cable Television." *Urban Affairs Quarterly,* 20 (1984) : 233-54.

Muirhead, G.B. "Six Access Channels." *Public Management* (June 1980) : 8-9.

Murray, Dennis J. *The Guaranteed Fund-Raising System : A Systems Approach to Developing Fund-Raising Plans.* Poughkeepsie, NY : American Institute of Management, 1994.

National Association of Regulating Utility Commissioners v. Federal Communications Commission, 533 E2d 601 (1976).

Nauffts, Mitchell F. *Foundation Fundamentals : A Guide for Grantseekers.* New York :

Foundation Center, 1994.
Newman, Andy. "More than Television." *New York Times*, 7 January 1996, New Jersey edition, 1,10.
Nichols, Judith E. *Targeted Fund Raising : Defining and Refining Your Development Strategy*. Chicago : Precept Press, 1991.
Nicholson, Margie. "Cable Access : Community Channels and Productions for Nonprofits." *Strategic Communications for Nonprofits*. Washington, DC : Benton Foundation, 1992.
Niemeyer, Suzanne. *Money for Film and Video Artists*. New York : American Council for the Arts, 1991.
"Northern Virginia Youth Services Coalition-NVYSC." *Benton Bulletin,* 3 (April 1990) : 47-50. *Notice of Inquiry*, 15 FCC 2d. 417 (1968).
Notice of Proposed Rulemaking, 25 FCC 2d 38 (1970).
Ognianova, Ekaterina, and James W. Endersby. "Objectivity Revisited : A Spatial Model of Political Ideology and Mass Communication." *Journalism and Mass Communication Monographs,* 159 (October 1996) : 1-36.
Olatunji, Sunday O. *Free Money in America and How to Get It*. New York : Olatunji Books, 1994.
O'Neill, Michael J. *The Roar of the Crowd : How Television and People Power are Changing the World*. New York : Times Books, 1993.
Ostrander, Susan A. *Money for Change : Social Movement Philanthropy at Haymarket People's Fund*. Philadelphia : Temple University Press, 1995.
Passingham, Sarah. *Organising Local Events*, 2d ed. London : The Directory of Social Change, 1995.
Payne, Eloise, and Don Derosby. *Using Video : The VCR Revolution for Nonprofits*. Washington, D.C. : Benton Foundation, 1991.
Payne, Eloise, and Neal Sacharow. *Making Video : A Practical Guide for Nonprofits*. Washington, D.C. : Benton Foundation, 1993.
Payton, Robert L., Henry A. Rosso, and Eugene R. Tempel. "Toward a Philosophy of Fund Raising." In *Taking Fund Raising Seriously*. Ed. Dwight F Burlingame and Lamont J. Hulse. San Francisco : Jossey-Bass, 1991. 3-17.
Perry Education Association v. Perry Local Educators' Association, 460 US 37,45 (1983).
Petrozzello, Donna. "Time Warner Wins NYC Cable News Fight." *Broadcasting and Cable,* 127, no. 28 (7 July 1997) : 5.
Picard, Robert G. *The Press and the Decline of Democracy : The Democratic Socialist Response in Public Policy*. Westport, CT : Greenwood Press, 1985.
Poderis, Tony. *It's a Great Day to Fund-Raise! : A Veteran Campaigner Reveals the Development Tips and Techniques that Will Work for You*. Cleveland, OH : FundAmerica Press, 1996.

Poe, David R. "As the World Turns : Cable Television and the Cycle of Regulation." *Federal Communications Law Journal*, 43 (1991) : 141-56.

Polk, Nancy. "The View from New Haven ; Public Access TV : It's Storer's Money, but Independent Talent." *New York Times*, 1 May 1994, sec. CN, 14.

Porter, Gregory S., and Mark J. Banks. "Cable Access as a Public Forum." *Journalism Quarterly*, 65 (1988) : 39-45.

Portwood, Pamela. "Renewing the Dream of Access." *Community Television Review*, 16, no. 2 (March/April 1993) : 8.

Powell, Leilah. *Share Your Success : Fund-Raising Ideas*. Washington, D.C. : National Trust for Historic Preservation, 1993.

Preferred Communications v. City of Los Angeles, 754 E2d 1396 (9th Cir. 1985).

Price, Monroe E. "Requiem for the Wired Nation : Cable Rulemaking at the Federal Communications Commission." *Virginia Law Journal*, 61 (1975) : 541.

Price, Monroe E. *Television, the Public Sphere, and National Identity*. New York : Oxford University Press, 1995.

Price, Monroe E., and John Wicklein. *Cable Television : A Guide for Citizen Action*. Philadelphia : Pilgrim Press, 1972.

"Public Access Cable Show Obscenity Convictions Upheld : Court : 'Safe-Sex' Video not Educational." *News Media and the Law,* 20, no. 1 (Winter 1996) : 38.

Public, Educational, and Government Access on Cable Television Fact Sheet. Alliance for Community Media, Washington, D.C. .

Quincy Cable TV v. Federal Communications Commission, 768 E2d 1434 (1985).

Quinn, Alexander. "Creativity, Diversity and Professionalism in East Multnomah." *Community Television Review* (Spring 1991) : 8-9.

Raths, David. "Building Community." *Business Journal*, 13 (14 June 1996) : 12.

Red Lion Broadcasting, Inc. v. Federal Communications Commission, 395 US 367 (1969).

Rees v. State of Texas, 909 S.W.2d, (Texas Court of Appeals, 3rd District)(1995).

Renstrom, Mary. "Hey, Didn't I See You on Television?" *State Legislatures*, 19, no. 6 (1993) : 47.

Rice, Jean. "The Communications Pipeline." *Public Management* (June 1980) : 2-4.

Rice, Jean. "Cable Television Franchise Renewal : A Practical Guide for Municipal Officials" *New Jersey Municipalities* (November 1988) : 16.

Riddle, Anthony. "Prepared Statement of Anthony Riddle, Chair, Alliance for Community Media before the United States Senate." *Federal News Service*, 22 June 1994.

Roberts, Jason. "Public Access : Fortifying the Electronic Soapbox." *Federal Communications Law Journal*, 47 (October 1994) : 123-52.

Roberts, John. "Cablevision Plans Major Expansion." *Greensboro (North Carolina) Record*, 28 March 1979, sec. A, 1,5.

Roberts, John. "Cablevision : Local Government Decides CG Fate." *Greensboro (North*

Carolina) Record, 29 March 1979, sec. A, 1, 7.
Roberts, John. "Cable : Quality Programming is Necessary." *Greensboro (North Carolina) Record*, 30 March 1979, sec. A, 1, 10.
Robinowitz, Stuart. "Cable Television : Proposals for Reregulation and the First Amendment." *Cardozo Arts and Entertainment,* 8 (1990) : 309-35.
Roper, Robert St. John. "Unbundling the Channels : A Dysfunctional Aproach to Cable Television Legal Analysis." *Federal Communications Law Journal,* 42 (1989) : 81-86.
Rosen, Jeffrey. "Cheap Speech." *New Yorker* (7 August 1995) : 75-80.
Ross, Jesikah Maria, and J. Aaron Spitzer. "Public Access Television : The Message, the Medium, and the movement." *Art Papers,* 18, no. 3 (May/June 1994) : 3, 43.
Ross, Stephen R., and Barrett L. Brick. "The Cable Act of 1984-How Did We Get There and Where Are We Going?" *Federal Communications Law Journal,* 39 (1986) : 27-52.
Rosso, Henry A., ed. *Achieving Excellence in Fund Raising*. San Francisco : Jossey-Bass, 1991.
Rosso, Henry A. "The Philosophy of Fund Raising." In *Achieving Excellence in Fund Raising*. Ed. Henry A. Rosso. San Francisco : Jossey-Bass, 1991.
Rushton, D., Ed. "Citizen Television : A Local Dimension to Public Service Broadcasting." *Institute of Local Television Research Monograph*. London : John Libbey, 1993.
Ruskin, Karen B. *Grantwriting, Fundraising, and Partnerships : Strategies that Work!* Thousand Oaks, CA : Corwin Press, 1995.
Russell, Jim. Whitewater Community Television, Richmond, Indiana. <jarussel@indiana. edu>, Alliance for Community Media Listserv, 31 March 1997, 12:06 PM.
Safire, William. *Safire's Political Dictionary*. New York : Random House, 1978.
Safranek, Thomas W. *Steps for Launching a Capital Campaign*. Washington, DC : National Catholic Education Association, 1996.
Sanchez, Victor. "The Revolving Grant Fund of Manhattan Neighborhood Network." *Community Media Review,* 17, no. 2 (March/April 1994) : 9.
Saylor, David J. "Municipal Ripoff : The Unconstitutionality of Cable Television Franchise Fees and Access Support Payments." *Catholic University Law Review,* 35 (Spring 1986) : 673-95.
Saylor, David. "Programming Access and other Competition Regulations of the New Cable Television Law." *Cardozo Arts & Entertainment Journal,* 12 (1994) : 323-86.
Scannell, Paddy. "For a Phenomenology of Radio and Television." *Journal of Communication,* 45, no. 3 (Summer 1995) : 4-19.
Schiller, Herbert. "Public Way or Private Road?" *The Nation,* 257, no. 21 (12 July 1993) : 753.

Schmidt, Benno C. "Freedom of the Press vs. Public Access." *Columbia Law Review* (1976) : 15-16.

Schroder, Robert. "Lions Utilize Information Resource." *The Lion Magazine* (September 1995) : 34-35.

Schudson, Michael, *The News Media and the Democratic Process.* New York : Aspen Institute of Humanity Studies, 1983.

Schwartz, Robert. "Public Access to Cable Television." *Hastings Law Journal*, 33 (1982) : 1009-29.

Schwartz, Tony. *The Responsive Chord.* Garden City, NY : Anchor Press, 1973.

Sclove, Richard E. "Democratizing Technology." *Chronicle of Higher Learning*, 12 (January 1994) : sec. B, 1-2.

Scribner, Susan M. *How to Ask for Money without Fainting : A Guide to Help Nonprofit Staff and Volunteers Raise More Money.* Long Beach, CA : Scribner and Associates, 1992. Second Report and Order, 2 FCC 2d 725 (1966).

Seltzer, Michael. *Securing Your Organization's Future.* New York : The Foundation Center, 1987.

Sennett, Richard. *The Fall of Public Man.* New York : Random House, 1972.

Shaffer, D. Scott. "*Preferred Communications, Inc. v. L.A. :* Broadening Cable's First Amendment Rights and Narrowing Cities' Franchising Powers" *Comm/Ent Law Journal*, 8 (1986) : 535-69.

Shanahan, Dave, and Mary Keyes. "Arts Matter at MATA." *Community Television Review*, 10, no. 1 (1987) : 13-15, 21.

Shapiro, George H., Philip B. Kurland, and James P. Mercurio. *Cablespeech : The Case for First Amendment Protection.* New York : Harcourt Brace Jovanonich, 1983.

Sharpe, Anita. "Television (A Special Report) : What We Watch-Borrowed Time-Public-Access Stations Have a Problem : Cable Companies Don't Want Them Anymore." *Wall Street Journal*, 9 September 1994, Eastern edition, sec. R, 12.

Sheldon, K. Scott. "Foundations as a Source of Support." In *Achieving Excellence in Fund Raising.* Ed. Henry A. Rosso. San Francisco : Jossey-Bass, 1991.

Shepard, David S. *How to Fund Media : A Special Project of the Council on Foundations.* Washington, D.C. : Council on Foundations, 1984.

Shepard, David S. "Media Fund-amentals : Media Can Call Attention to an Issue like Nothing Else : Here's What You Need to Know about Funding Film and Video." *Foundation News* (January/February 1989) : 58-61.

Shepard, David S. "A Producer's Potential" *Foundation News* (March/April 1989) : 60-62.

Shepard, David S. "Judging Media Budgets." *Foundation News* (May/June 1989) : 62-65.

Shepard, David S. "Distribution Solution." *Foundation News* (July/August 1989) :

62–65.
Sherman, Kathy. "Information at the Touch of a Button : A Profile of Southfield's Municipal Channel." *Community Television Review,* 8, no. 3 (1985) : 18.
Sibary, Scott. "The Cable Communications Policy Act of 1984 v. the First Amendment" *Comm/Ent Law Journal,* 7 (1985) : 381–415.
Siebert, Fred S., Theodore Peterson, and Wilbur Schramm. *Four Theories of the Press.* Urbana : University of Illinois Press, 1963.
Silverman, Fran. "News and Advice on TV for Haitians in the State." *New York Times,* 19 January 1992, Final edition, sec. CN, 12.
Sinel, N. M., P. J. Grant, and M. B. Bierut. "Cable Franchise Renewals : A Potential Minefield." *Federal Communications Law Journal,* 39 (1986) : 77–107.
Sinel, N. M., P. J. Grant, C. H. Little, and W. E. Cook. "Current Issues in Cable Television : Re-Balancing to Protect the Consumer." *Cardozo Arts & Entertainment,* 8 (1989) : 387–402.
Smith, Becky. *How to Raise the Money You Need, Now! : Even if There's not Enough Staff, Money, or Time for Fund Raising.* Tulsa, OK : National Resource Center for Youth Services, 1992.
Smith, George Harmon. *How to Write Winning Grant Proposals.* RMS Publishing, 1995.
Smith, Jane. "The People's Channel." *Independent Weekly,* 16 November 1995, 21.
Sparks, Cohn. "The Press, the Market, and Democracy." *Journal of Communication* (winter 1992) : 36–51.
Special Events Fundraising : A Guide for Nonprofits. Richmond, KY : The Council, 1992.
Spence, Holly. "Project VITAL." *Community Television Review,* 10, no. 2 (1987) : 16–17.
Splichal, Slavko, and Janet Wasko. *Communication and Democracy.* Norwood, NJ : Ablex Publishing, 1993.
Stanton, Martha, and Wendy Wilson. "Making the Most of Cable Television Technology." *T.H.E. Journal* (May 1992) : 67–69.
Stark, Ben. "At HOM(e) in Meridan Township." *Community Television Review* (Spring 1991) : 10–11.
Steinglass, David Ehrenfest, "Extending Pruneyard : Citizens' Right to Demand Public Access Cable Channels." *New York University Law Review,* 71 (October 1996) : 1160.
Stern, Christopher. "Nudity Clause Gives Cable Operators Pause." *Broadcasting and Cable,* 55 (17 April 1995) : 4–17.
Stoneman, Donnell. "D.I.Y. Television." *News and Record* (Greensboro, North Carolina), 12 May 1992, sec. D, 1.
Strauss, Neil. "At 18, the 'Squirt TV' Guy Resumes his Pop-Scene Assault." *New York*

Times, 9 September 1997, sec. C, 9.

"Structural Regulations of Cable Television : A Formula for Diversity." *Communication and Law*, 15 (1993) : 43-70.

Sturken, Marita. "An Interview with George Stoney." *Afterimage* (January 1984) : 7-12.

Szykowny, Rick. "The Threat of Public Access : An Interview with Chris Hill and Brian Springer." *The Humanist*, 54 (1994) : 15-23.

"TCI Cable Makes Official Cutback in Public Access." *New York Times*, 7 April 1996, sec. WC, 13.

Telecommunications Act of 1996, U.S. Code Supplement II, vol. 47, sec. 531-59 (1996).

Treistman, Peter, and Sam Behrend. "Transformal and Expansion at Tucson." *Community Television Review* (Spring 1991) : 10.

Turner Broadcasting System, Inc. v. FCC, 512 US 1145 (1994).

Turner Broadcasting System, Inc. v. FCC, 117 SCt 1174 (1997).

Turner, Richard C. "Metaphors Fund Raisers Live by : Language and Reality in Fund Raising." In *Taking Fund Raising Seriously*, Ed. Dwight F. Burlingame and Lamont J. Hulse. San Francisco : Jossey-Bass, 1991.

"21st Century Production Facilities." *Video Letter*, 1, no. 7 (fall 1988) : 1-3.

United States v. Midwest Video, 406 U.S. 649 (1972).

United States v. Midwest Video Corporation, 406 US 649 (1979).

United States v. O'Brien, 391 U.S. 367 (1968).

United States v. Southwestern Cable Co., 392 U.S. 157 (1968).

van Eijk, Nico. "Freedom of Expression in Europe : Just Forty Years." *Community Television Review*, 13 (November/December 1991) : 13.

Vanamee, Norman. "Eat Drink Man Lizard." *New York* (11 November 1996) : 20, 22.

Vickroy, Thelma. "Live from Norwalk : How One City Saved Community Programming." *Journal of Film and Video*, 39 (Summer 1987) : 24-27.

Vinsel, Deborah. "Community People, Community Access." *Community Media Review*, 19, no. 4 (1996) : 9, 12, 13.

Visser, Randy. "South Portland ; Where Video Meets the Sea." *Community Television Review* (Spring 1991) : 7-8.

Wadlow, R. Clark, and Linda M. Wellstein. "The Changing Regulatory Terrain of Cable Television." *Catholic University Law Review*, 35 (1986) : 705-36.

Walker, Bonnie L. "Community Access Television Fills a Need in Bowie." *Community Television Review*, 10, no. 1 (1987) : 22-23.

Ward, Jean. "Connect with Cable Television." *Library Journal* (July 1992) : 38-41.

Warwick, Mal. *How to Write Successful Fundraising Letters*. Berkeley, CA : Strathmoor Press, 1994.

Warwick, Mal. *The Hands-On Guide to Fundraising Strategy and Evaluation*. Gaithersburg, MD : Aspen Public, 1995.

Washburn, Jim. "Crean's World ; Spiders in the Salad! Towels Aflame! This is Cooking ・ on Local Cable, of Course." *Los Angeles Times*, 25 May 1993, Home edition, sec. E, 1.

Webb, William. "Public Interest Journalism in the Online Era." *Editor and Publisher*, 128, no. 23 (10 June 1995) : 28.

Webster, Bernard R. Access : *Technology and Access to Communication Media*. Paris : Unesco Press, 1975.

Wedlin, Wayne. "The Essential Element." *Public Management* (June 1980) : 9-10.

Wenker, John H. "Provisions of Cable Services since Deregulation & Proposals for Reregulation or Elvis is Alive and Well on Cable Ch. 54, But How Much Will it Cost to Watch Him?" *Hamline Journal of Public Law*, 12 (1991) : 341-58.

White, Christopher F. "Eye on the Saprrow : Community Access Television in Austin, Texas." Ph.D. diss., The University of Texas at Austin, 1988.

Williams, Frederick, and John V. Pavlik, eds. *The People's Right to Know : Media Democracy, and the Information Highway*. Hillsdale, NJ : L. Erlbaum Associates, 1994.

Williams, Warrene. *User Friendly Fund$raising : A Step-by-Step Guide to Profitable Special Events*. Alexander, North Carolina : WorldComm, 1994.

Winn, Debra Maldon. *Six Easy Steps to $$Millions$$ in Grants : A Grant-Writing Manual*. El Cerrito, CA : Maldon Enterprise, 1993.

Winner, Langdon. "Artifact/Ideas and Political Culture." *Community Television Review*, 16, no. 2 (March/April 1993) : 16.

Wright, Jeff, Katherine Lima, and Dotti Wilson. "Fund-Raising Fundamentals." *Community Television Review* (January/February 1992) : 9-13.

"You Oughta Be on Television." *Modern Maturity Magazine* (June/July 1991) : 48-50.

Young, Theresa. "Public Access Reaching the Community through Cable TV." *FBI Law Enforcement Bulletin*, 66, no. 6 (June 1997) : 20-27.

"Youth Get in Focus at Cable Access of Dallas." *Community Television Review*, 15 (1991) : 15.

Zeiger, Dinah. "TCI Goes Live to Keep Customers Sweet." *The Denver Post*, 30 January 1995, sec. C, 1.

Zimmerman, Robert M. *Grantseeking : A Step-by-Step Approach*. San Francisco : Zimmerman, Lehman, 1994.

訳者あとがき

永遠に新しい本

　この本の原著「Public Access Television-America's Electronic Soapbox」は，米国のパブリック・アクセス・テレビについて知ろうとする人にとっては極めて有用です。初版が出て以来，日本国内でもいろいろな研究者や学生に読まれていて，市民メディア関連の論文にもたびたび引用されてきました。にもかかわらず，これまでなぜか翻訳されていませんでした。まだまだ研究者が少ないため，需要がないと思われていたのかもしれません。私たちは，この分野の専門書が少ない現状を憂えて，刊行年が古いものの，翻訳に取り組んできました。日米間のシステムや法律の違いで，翻訳作業は難航したものの，最後は著者からメッセージもいただけて，なんとか発刊までこぎつけることができました。この本が，市民メディアやパブリック・アクセスに関心がある方々の一助となれば幸いです。

　時代はデジタル時代に入り，日本国内でも，市民がビデオカメラとパソコンを使って映像作品を制作する動きが活発化してきました。一方でCATV局の中には，地方や都市部に関係なく，放送枠やチャンネルを市民に開放する動きも出てきています。私たちが2007年に全国のCATV局（約400社）を対象にした調査では，約36％の局が市民制作の番組を放送していると回答しています。また，デジタル化後に放送枠を拡大するかチャンネルを市民に開放する可能性があると回答した局は50％に上っています。

　また，日本においては，CATV局が通信会社と競合関係になっているという現状もあり，CATVはこれまでにも増して，地域密着型のコミュニティ・チャンネルや市民に開放するアクセス・チャンネルに力を入れようという動きも出てきています。

　こうした状況から，国内においてもパブリック・アクセス・テレビは今後普

及してくることが予想されます。日本と米国では，CATVに関する法規が異なるため，同レベルで論じることはできませんが，この本は国内においても，市民だけでなくCATV局関係者にとっても役に立つと思います。

　最後に，よく聞かれることですが，「インターネットの時代なのに，なぜCATVなの？」という疑問に答えておきましょう。著者のリンダー博士は，「インターネットは，表現することや意見を表明することを可能にしてくれますが，それはほとんどが私的な活動であって，共同作業や統一見解を出すための議論の機会にはなっていません」と指摘しています。

　これは，実際に市民テレビ局の活動に関わってみると実感することです。市民のボランティアスタッフが，地域の話題や課題を探して，いっしょに考え，取材し，番組にして放送する。反響を受けて，さらに取材に行く，というプロセスがもっている意味は非常に大きいと思います。番組制作という工程が，現場での対面的コミュニケーションを可能にしてくれているわけです。

　また，CATVで放送された番組は著作権処理されていれば，そのままWeb上でも配信しアーカイブすることができます。CATVとインターネットは組み合わせて使えば，質の高いコンテンツを地域から世界へ発信することができます。

　そういう意味では，このパブリック・アクセス・テレビというアイデアは，国内でも人々の生活をより良くし，民主的な社会を形成するため，そして地域情報化，地域活性化に有効に働くと思われます。この本の中の精神は，いつまでも変わらず，新しいアイデアとして生き続けると思います。

　本書は2008年度中央大学学術図書出版助成によるものです。ここに記して，関係各位に対してお礼を申し上げます。

　とりわけ，中央大学FLPジャーナリズムプログラム松野良一ゼミの卒業生3人の協力なしには，本書は完成しえませんでした。最後に名前を記して感謝の気持ちを表したいと思います。

　現在中日新聞社写真記者である戸田泰雅さん（2008年3月中央大学総合政策学

部卒），現在リクルートメディアコミュニケーションズのディレクターである鈴木千佳さん（同年3月中央大学文学部卒），現在三菱自動車工業勤務の廣田衣里子さん（2006年3月中央大学法学部卒）。

2009年3月

中央大学総合政策学部教授　松 野 良 一

索引

[A - W]

ACM（コミュニティ・メディア連盟を参照） ………… 50 107 155
CAN TV（シカゴ・アクセス・ネットワーク） ………… 27 104
CATV（コミュニティー・アンテナ・テレビジョン） ……… 50 64 66 68 239 240
CIA ……………………………………… 53
Concord Area Community TV is US（C.A.C.T. US） ……………………………… 145 197
CPB ……………………………… 38-40 152
DBS（衛星放送） ………………… 34 82 167
DCTV（デイルシティー・テレビジョン）… 47
Drive-by Agony ………………………… 106
FCC→連邦通信委員会を参照
FOX ……………………………………… 94
GRTV（グランド・ラピッズ・ケーブル・アクセス・センター） ……………… 99
KKK ……………… 55 56 76 110 111
NBC ……………………………………… 94
NFLCP ……………………………… 46 50
OVS ……………………………… 86 88
PBS ……… 38-40 94 113 134 152 175
PEG ………………………………… 14 15
　　17 27 54 57 58 71 73-75 82-86
　　88 121 129 138 141 165 195 198
PTL ……………………………………… 113
Red Lion ……………………… 26 33 65
SONY ……………………………………… 43
「Take 12」 ……………………………… 40
「The 51st State」 ……………………… 38
WGBH ……………………………………… 40
'Yo! Grand Rapids' ……………………… 99
'Your Turn' ……………………………… 40

[あ - お]

アイダホ ………………… 55 100 102
アグノ, スピロー ………………………… 39
アトキン ………………………… 112 114
「あなたの番」 …………………………… 40
アメリカ連邦議会 ………… 39 57 59
アリゾナ ………………………… 106 109
「アンドレとカフェ」 ………………… 105
インターネット ………………………… 25
　　103 132 165 174 175 182 192
インディアナ …… 19 46 96 99 102 147
「インフォセックス」 ………… 76 109
ウィスコンシン ……………………… 19 46
ヴェネジア, バーバラ ………………… 107
ウォルド, ジョージ …………………… 54
映画 ……… 14 20 25 39 44 48 95
映画産業 ………………………………… 25
衛星放送（DBS）
　　　　　30 32 34 152 167 185 196
「エクサイティング・エクスプロレーションズ」 …………………………… 102
「エクストラ・ヘルプ」 ……………… 100
「エクスポージャー」 ………………… 100
エリー市 ………………………………… 80
オースティン・コミュニティー・アクセス・センター ……………………… 52
オープン・ビデオ・システムズ ……… 86
オハイオ ………………… 51 53 105
オブライエン, ジム …………………… 166
オブライエン・テスト ……… 64 65 72
オープン・チャンネル ………………… 48
オーランド（フロリダ州） ……… 46 58
「オルタナティブ・ビューズ」
　　　　　　　　　　53 54 61 99 108
オルタナティブ・メディアセンター … 44-48
オレゴン ………………… 46 56 103 105

243

オレンジ郡ケーブルTV（カルフォルニア州）……107

［か－こ］

カナダ国立映画制作庁 ………… 38 41 42
カナダラジオ・テレビ放送委員会 ………… 44
株式会社「Cable TV」………………… 47
「カフス」………………………… 102
カンザス・シティー（ミズーリ州）
　　………………………… 55 56 76
寄付金
　　…… 120 132 133 147 160 162 163
「キャッチ44」………………………… 40
「キャビアと小石」…………………… 104
キャピタル・シティーズ・ケーブル ……… 78
「銀行と貧乏人たち」………………… 39
クインシー・ケーブル ………………… 79
クー・クラックス・クラン（KKK）
　　……………………… 54 55 76 110
グランド・ラピッズ・ケーブル・アクセス・センター（GRTV）………………… 99
グランド・ラピッズ（ミシガン州）… 99 109
「クライム・オブ・ヘイト」…………… 56
グリーンズボロ・コミュニティ・テレビ
　　……………………………… 19 21
グリーンズボロ（ノースキャロライナ州）
　　……………… 5 8 11-22 54 131 143
クレイン，キム ……………………… 153
「グレンドラとおしゃべり」…… 105 106
計画的贈与 …………………………… 126
掲示板 …………………… 52 55 56
　　104 134 141 156 171 175 192 194
ゲイ・フェアファックス（バーモント州）
　　………………………………… 108
ケーブル・アクセス
　　…………… 56 65 78 99 100 143
ケーブルコミュニケーション政策法
　　…………………………… 57 120
ケーブル産業 …………………… 30 194

ケーブルテレビ
　　…… 5 12 17 22 27-31 43-52 55-58
　　64-66 68 69 71-73 75 76 78 80
　　81 86 94 96-99 112-114 120 125
　　141 142 154 166 171 173 184
ケーブル法
　　…… 57 58 64 76 79-85 87 88 121
「ゲリラTV」…………………………… 153
ケルナー，ダグラス ……… 7 8 27 54 61
憲法修正第1条 ………………… 26 55
　　59 65 69-71 79 80 81 83-85 153
言論の自由 …… 26 53 64 65 76 80 124
公開討論 ……………………… 3 14
　　65 76 78 80 86 88 106-108
公共放送研究所 ……………………… 39
控訴裁判所，連邦控訴裁判所
　　…………………… 70 73 77 87 109
「コスモス」…………………………… 100
ゴッダード・コミュニティ・メディア・センター ……………………………… 52
コネチカット ……………… 96 98 111
コミュニティ・メディア・レビュー …… 51
コミュニティ・メディア連盟（ACM）
　　……………………………… 31 50
　　51 84 107 129 149 155 165 167
コロラド ………………………… 12 166

［さ－そ］

最高裁判所 ………………… 25 26 29 51
　　58 64 65 68-73 76-78 84 85 87
サクラメント（カリフォルニア州）…… 104
サファイアー，ウィリアム …………… 39
ザ・ファミリー・チャンネル ………… 113
サマービル（マサチューセッツ州）…… 52
サミット（ニュージャージー州）… 104 105
サンダー・ベイ（オンタリオ州）……… 43
シカゴ・アクセス・ネットワーク（CAN TV）………………………… 27 104
シカゴ（イリノイ州）……………… 5 104
視聴率 ……… 26 111 113 114 143 192

シチズンズ TV ……………………… 96　98
資本キャンペーン ……………………… 134
市民参加 ……………………… 4　6　124　158
社会変革 ………… 29　41　59　123　124　126
「社会変革のための資金調達」
　……………………………… 148　149　153
「集会スケジュール」 ……………………… 103
シュワルツ，トニー ……………………… 152
署名寄付 ……………………… 134　172　175
ジョンソン，ニコラス ……………… 49　66　67
シンシナティ（オハイオ州）……… 51　55　110
シンシナティ・ケーブル・アクセス・コーポ
　レーション ……………………………… 56
「人種と理由」 …………………… 55　110　111
新聞 ………………………………………… 25　56
　69　70　100　105　142　143　191-194
スターケン，マリタ ……………………… 44
スタジオ（パブリック・アクセス・センター，
　施設も参照）…… 13-15　18　40　47　95-97
　132　133　157　173　181　186　195
スターリング・インフォメーション・サービ
　ス ……………………………………… 47
スティーブンス，最高裁判事（ジョン・ポー
　ル） ……………………………………… 74
ストックウェル，ジョン ………………… 53
ストーニー，ジョージ ……………… 41　44
青年会議所 ………………………… 20　47
赤十字 ……………………………… 124　152
「セサミ・ストリート」 …………………… 40
1992年ケーブル法 ………………… 58　81　82
1996年法 …………………………… 32　86-88
1934年コミュニケーション法 …… 57　64　81
1984年ケーブル法
　………… 57　58　76　79-82　88　120　121
全国地域ケーブル番組制作者連盟
　……………………………… 46　50　165
ソ連 ……………………………………… 54

[た - と]

タイム・ワーナー ………………………… 87

ダニエルズ ……………………………… 83　87
ダラス（テキサス州）……………………… 102
ダラス・フォート・ワース（テキサス）…… 52
チッテンデン・コミュニティ・テレビジョン
　……………………………………… 52
地上波
　…… 49　70　73　76　79　80　82　136　180
地方裁判所 ………… 74　76　80　83　84　109
地方自治体 ……………………………… 27
　28　30　31　50　57　68　79　88　94-96
　115　120-123　132　136　175　177-179
チャレンジ・フォー・チェンジ …… 38　41-44
長時間番組，テレソン ………… 143　163　192
通信産業 ………………………………… 30
ツーソン・コミュニティ・ケーブル ……… 109
デイトン（オハイオ州）…………… 51　105
デイル・シティー（バージニア州）… 47　120
デイルシティー・テレビジョン（DCTV）… 47
デカルブ（インディアナ州）……………… 46
テキサス ………………………………… 52
　53　61　76　77　99　102　106　109　113
デトロイト（ミシガン州）………………… 40
テネシー ………………………………… 106
デモクラシー ……………… 21　26　27　123
『テレビと民主主義の危機』……………… 54
電話による視聴者参加型番組 …………… 14
トークショー …………… 13　20　140　145　195
ドティ，パメラ ………………………… 30
ドライブバイ・アゴニイ ………………… 106
「ドリフターズ」 ………………………… 41
トルニロ ………………………… 69　70
トレーシー，ウィル ……………………… 106

[な - の]

ナチス ……………………………… 56　110
ナッシュビル（テネシー州）……………… 106
ナットメグ・テレビジョン，ファーミントン，
　コネティカット州 ……………………… 96
ナローキャスト …………………………… 26
ニカラグア ………………………………… 54

245

ニクソン，リチャード ················ 39　40
ニューアーク（ニュージャージー州）
　··· 53　99
ニュージャージー ···· 96　99　104　105　114
ニューハンプシャー ······························· 99
ニューヘブン（コネチカット州）············ 96
ニューヨーク ······ 5　38　44-47　50　52　53
　　55　87　95　103　106　109　145　181
ニューヨーク（州）······························ 103
ニューヨーク州立大学 ··························· 55
ニューヨーク大学 ································· 44
ニールセン視聴率 ································ 111
ネオ・ナチ ·································· 55　125
ノースカロライナ ··························· 8　11
　15　20-22　54　97　109　131　143　149
「ノバ」·· 40

[は－ほ]

ハーカー，カレン ······························ 105
バージニア ···························· 47　108　120
ハーデンバーグ，マーガレット ····· 111　112
パブリック・アクセス支持者
　························· 56　71　156　157　166
パブリック・アクセス・センター ······· 3　10
　31　159　160　162　168　171　174　194
パブリック・アクセス・テレビ ············ 3-7
　9　10　11　13-21　24　27-33　38　41
　43-59　64-75　76　78-80　82　83
　85-88　94-100　103-111　114　115
　120-139　141　143-146　149　152-159
　162　164-168　239　240
パブリック・テレビ ·· 39　40　67　125　152
パブリック・フォーラム ························ 78
パブリック・ラジオ ···························· 125
バーモント ··································· 99　110
バーモント・テレビジョン・ネットワーク
　··· 52
バーリントン（バーモント州）·············· 99
ハーレム（ニューヨーク州）·················· 47
バーンズ，レッド ····················· 44-46　49

非営利団体（NPO）
　··················· 10　13　19　20　31　85
　94　95　100　104　123　125　126　131
　133　137-139　144　146-149　152　155
　161　162　165　172　181-183　193　194
表現の自由 ············ 21　56　59　71　80　108
ヒル，クリス ······································ 115
ファーミントン（コネチカット州）············ 96
フィラデルフィア（ペンシルベニア州）
　··· 40　51　103
フェアネス・ドクトリン ························ 33
フェイン，アート ······························ 106
「フォーカス・オン・ジ・アーツ」······· 102
フォーゴ島プロジェクト ························ 41
フォートウェイン（インディアナ州）
　··· 96　99
ブッシュ大統領 ····································· 58
ブラットルボロー（バーモント）・コミュニ
　ティ・テレビジョン ····························· 52
フランチャイズ ····················· 12　14-16
　18　19　21　31　47　49　51　52　57　58
　66　75　78-82　86-88　120-122　126
　130　136-138　144　146　166　171　173
　177-180　182　184　194-196　198
ブリラー，バート ······························ 167
プリンストン（ニュージャージー）············ 96
ブルックリン（ニューヨーク州）············ 52
ブルックリン・パブリック・アクセス・コー
　ポレーション ······································· 52
プレスリー，エルビス ························ 106
プレビューチャンネル ················ 142　143
ブロックトン（マサチューセッツ州）······· 103
ブロードウェイ ··································· 105
フロリダ ································ 46　58　70
文化的な少数派 ····································· 29
米国自由人権協会（ACLU）······· 70　84　125
ベイヨン（ニュージャージー州）············ 96
ベーカーズフィールド（カリフォルニア州）
　··· 46
ヘルナンデズ，ペドロ・ディアズ ······· 100

ペンシルベニア ……………………… 46
報道の自由 ……………… 25　26　69　70
ボウルダー（コロラド州）……………… 74
ポカテロ（アイダホ州）…………… 55　100
ホーキンス, ローナ ………………… 106
ポータパック ……………………………… 43
ポートランド（オレゴン州）…… 46　56　105
ボストン・ネイバーフッド・ネットワーク
　……………………………………………… 97
ボストン（マサチューセッツ州）
　………………… 5　40　51　96　111　196
ホワイト, クリストファー F. ………… 113
ホワイトハウス …………………………… 40

[ま-も]

マイアミ・ヘラルド ……………………… 69
マコブ郡（ミシガン州）………………… 103
マサチューセッツ ……………… 55　100　103
マスト・キャリー・ルールズ
　………………………… 49　79　80　82
マスメディア ……………… 24　25　28
　29　67　69　111　124　145　168　195
マディソン（ウィスコンシン州）……… 5　46
マンチェスター（ニューハンプシャー州）
　……………………………………………… 99
マンハッタンケーブル ………………… 105
マンハッタン（ニューヨーク州）
　…………………………… 47　48　55　87
マンハッタン・ネイバーフッド・ネットワー
　ク ……………………………… 95　107
ミシガン ………………… 99　103　109　114
ミッション・ヴィージョ（カリフォルニア
　州）………………………………………… 96
ミッドウェスト・ビデオ …… 29　68　73　74
ミドルバリー（バーモント州）……… 99　110

メディア・リテラシー ………… 31　124　164

[や-よ]

ユタ州 ……………………………………… 75
ユダヤ教 ……………………………… 125　175
ユダヤ人協会 …………………………… 111
ユナイテッド・ウェイ ………………… 124
「よ！グランド・ラピッズ」…………… 99

[ら-ろ]

ラッセル, ジム ………………………… 102
ラローズ …………………………… 112　114
リース・アクセス ……… 58　72　82　84　85
リース, レイ ……………………………… 53
リストサーブ …………………… 129　149　165
リン（マサチューセッツ州）…………… 100
レインダンス ……………………………… 48
レッド・ライオン ………………………… 65
レディング（オハイオ州）……………… 53
レディング（ペンシルベニア州）……… 46
レバノン …………………………………… 54
連邦通信委員会（FCC）… 5　12　13　26　33
　49-51　59　64-74　76　78　79　82-90
ロイ市 ……………………………………… 75
ロー, コリン ……………………………… 42
ロサンゼルス（カリフォルニア州）
　……………………………… 5　51　56　106　107
ロス, ジェシカ・マリア ………………… 28
ロードアイランド ……………………… 103
ローリー（ノースキャロライナ州）…… 20

[わ-ん]

ワイアレスケーブル ……………………… 35
わいせつ ………………… 5　87　108-110　124
ワシントン ………………………… 38　44　103

─── 著者について ───

　ローラ・R. リンダーは、ノースカロライナ州グリーンズボローにあるノースカロライナ大学放送映画演劇学部の准教授を経て、2009年現在、ニューヨーク州にあるマリスト大学コミュニケーション芸術学部准教授。ノースカロライナ大学チャペルヒル校で1997年に博士号（マス・コミュニケーション）を取得。彼女の論文は『米国のマスメディアの歴史』の中に収録されている。彼女は、グリーンズボロー・コミュニティ・テレビの創設者の1人である。

─── 訳者略歴 ───

松野　良一（まつの　りょういち）▶中央大学総合政策学部教授，博士（総合政策）。1979年3月九州大学教育学部卒業。1998年3月筑波大学大学院教育研究科修士課程修了。2003年3月中央大学大学院総合政策研究科博士後期課程修了。朝日新聞社社会部記者，TBSディレクターを経て、2005年4月から現職。1996〜97年、ハーバード大学客員研究員（フルブライト留学）。著書に『市民メディア論』（ナカニシヤ出版）、編著に『市民メディア活動』（中央大学出版部）などがある。

　　　パブリック・アクセス・テレビ　米国の電子演説台
　　　　　　　　　　　　　　　　　　中央大学学術図書（72）

2009年3月30日　初版第1刷発行

　　　　　　　　著　者　　ローラ・R. リンダー
　　　　　　　　訳　者　　松　野　良　一
　　　　　　　　発行者　　玉　造　竹　彦

　　　　　発行所　　中 央 大 学 出 版 部
　　　　　　　　東京都八王子市東中野742番地1
　　　　　　　　郵便番号　192-0393
　　　　　　　　電　話　042(674)2351　FAX 042(674)2354

© 2009　Ryoichi MATSUNO　　装幀・道吉 剛　　印刷／製本・大森印刷
　　　　ISBN978-4-8057-6172-4

　　　　本書の出版は中央大学学術図書出版助成規程による